Nicolas de Condorcet

Moyens d'apprendre à compter sûrement et avec facilité

ISBN : 978-1512268140

10 9 8 7 6 5 4 3 2 1

Nicolas de Condorcet

Moyens d'apprendre à compter sûrement et avec facilité

Table de Matières

AVERTISSEMENT

Ce petit Traité d'Arithmétique, qui ne semble destiné qu'à l'instruction de l'enfance, est de l'un des plus grands géomètres et des premiers philosophes de ce siècle: il est de CONDORCET.

Il suffit de le parcourir pour être convaincu que c'est l'ouvrage d'un homme supérieur; et ceux qui auraient ou qui affecteraient des doutes sur son véritable auteur, peuvent voir chez sa veuve le manuscrit original, écrit tout entier de la main même de Condorcet.

La première chose qui distingue ces ÉLÉMENTS D'ARITHMÉTIQUE, c'est d'être en même temps des ÉLÉMENTS DE LOGIQUE.

Une logique très-ingénieuse et très-exacte préside à toutes les opérations du calcul ; mais cette logique est comme cachée dans les formules de calcul qu'elle a inventées et qu'elle dirige.

En rendant cette logique visible, on enseigne deux arts à la fois, celui du calcul et celui du raisonnement.

Les formules sont un secours admirable pour l'esprit ; avec ce secours, l'esprit peut, on quelque sorte, se dispenser de toute attention pénible : il n'a qu'à suivre les formules; elles ne le dirigent pas seulement, elles le portent, II n'a besoin, pour arriver sûrement à son but, que du degré d'attention nécessaire pour être certain qu'il ne manque pas à la formule et à ses règles; et cette attention est presque matérielle : elle est des yeux plutôt que de l'esprit.

Les formules, en un mot, sont des espèces de machines avec lesquelles on opère presque machinalement.

C'est un grand avantage, mais c'est aussi un grand danger. Dans l'habitude de s'appuyer sur cette espèce de force artificielle, on laisse ses forces naturelles sans exercice; on en perd d'abord l'usage ; on perd ensuite ses forces même.

La perte serait plus grande que l'acquisition, et il faudrait rejeter ce funeste secours si l'on ne pouvait pas le séparer des inconvénients qui l'accompagnent.

Il y a un moyen de l'en séparer; il est le seul, et c'est celui que Condorcet a cherché, trouvé et enseigné dans ce petit traité de calcul.

Il consiste à rendre tellement sensibles tous les motifs et tous les pas qui ont conduit à la recherche et à l'invention des formules, qu'il soit impossible de se servir des formules sans que l'esprit repasse sur tous les motifs et sur tous les secrets de leur artifice. Alors l'esprit et la main opèrent ensemble : tantôt la main précède l'esprit, tantôt l'esprit précède la main, mais jamais ils ne sont joignes : toujours ils se suivent de près; et le génie, qui a créé les formules, environne toujours de sa lumière des opérations exposées à devenir plus mécaniques qu'intellectuelles

Pour atteindre à ce but, trop négligé dans tous les Éléments d'Arithmétique, Condorcet a employé plusieurs moyens.

1°. Condorcet ne s'est pas contenté de développer la formation des nombres en progression décuple; il a développé la formation des nombres dans les limites mêmes de un à due. Ces premiers nombres éléments de tous les autres, qu'on n'apprenait à former et à retenir que par la mémoire, il enseigne à les former et à les retenir par l'intelligence et par le raisonnement; rien n'est abandonné à la routine : l'esprit commence à s'exercer d'abord pour s'exercer toujours davantage.

2°. Dans tous les Éléments d'Arithmétique, on parle de la progression décuple; mais cette formule, de laquelle sont nées toutes les formules de l'arithmétique, on ne la trouvait nulle part analysée dans tous ses détails : elle l'est si bien dans ce petit traité, que les idées d'une dizaine, d'une centaine, d'un mille, etc., etc., etc., sont rendues aussi claires que l'idée de l'unité elle-même. Les éléments des nombres les plus composés se présenteront à ceux qui auront lu et appris cet ouvrage, à l'instant même où le nom destiné à réveiller l'idée de ces nombres frappera les oreilles ; et les éléments de tous les nombres seront toujours si distincts, que rien ne sera si facile et si sûr que toutes les opérations par lesquelles on compose et l'on dé compose tous les nombres possibles.

3°. Dans une langue et dans une science bien faites, l'analogie des idées doit toujours être marquée par l'analogie des mots. Hais, dans une partie de la langue du calcul , cette analogie était entièrement détruite : dans les mots trente, quarante, cinquante, soixante, l'analogie des noms est assez bien conservée pour faire sentir qu'on parle de trois, de quatre, de cinq, de six dizaines; maïs, dans les mots cinq quatre, quatre-vingts, quatre-vingt-dix, le nombre des dizaines dont on parle n'est plus du tout marqué par l'analogie des mots : on croirait que ce sont deux langues différentes; que dans l'une on procède par dizaines, et dans l'autre par vingtaines. Condorcet établit ou rétablit les analogies de ta progression décuple : à vingt, il substitue *duante*, et fait revivre les mots de septante, octante, nonante. Ces attentions pourront paraître minutieuses; mais ce sera à ceux qui ignorent que l'analogie des mots et des idées est le fil tantôt visible, tantôt invisible, qui a guidé les hommes de génie et les peuples dans la création et dans le progrès de tous les arts, de toutes les sciences, et que là où l'analogie disparaît entièrement, là s'arrêtent tous les esprits et tous les progrès.

4°. Il n'y a pas une des quatre règles de l'arithmétique sur laquelle on ne trouve ici des vues neuves pour en faire mieux saisir l'esprit, et des procédés nouveaux pour en rendre la pratique plus sûre et plus facile.

Je n'en citerai qu'un exemple. On sait combien, dans la division, la nécessité des tâtonnements pour trouver les quotients partiels rend l'opération longue, embarrassante, peu sûre. Condorcet est le premier qui ait donné une méthode pour renfermer ces tâtonnements dans les limites où le quotient partiel se trouve avec beaucoup plus de sûreté et de facilité. Cette méthode ingénieuse resserre l'espace où la recherche doit se faire, et abrège par conséquent l'opération elle-même.

5°. Les autres Éléments d'Arithmétique n'ont été écrits que pour ceux qui les étudient : ceux-ci sont écrits encore pour ceux qui les enseignent. Ils sont divisés en deux parties, dont l'une est destinée aux professeurs : c'est dans cette partie que Condorcet fait sortir une logique générale de l'observation des règles du calcul, et de l'analyse des motifs sur lesquels ces règles sont fondées. Cette partie de l'ouvrage est d'un métaphysicien qui a souvent de la profondeur, et elle en étend prodigieusement l'utilité. La Révolution exige une rénovation de toutes les études de l'enfance et de la jeunesse, et cette rénovation exige de toutes les et u des. C'est aux hommes supérieurs à les former; cette tâche convenait parfaitement à Condorcet.

Tant de genres de nouveauté et d'utilité rendent ce petit ouvrage extrêmement précieux; les moments où il a été écrit le rendent en quelque sorte sacré : c'est dans l'asile où il se cachait à ses bourreaux que Condorcet l'a écrit; c'est de cet asile qu'il l'envoyait feuille à feuille à sa femme; et à peine la dernière feuille fut achevée, qu'il fut obligé d'aller chercher un autre asile, cet asile où n'atteignent point les méchants et leurs fureurs : *la tombe!*

AVIS

Relatif aux notes el aux Observations placées, soit dans la cour, soit à la suite de cet ouvrage.

On trouve plusieurs sortes de notes et d'observations dans le manuscrit de Condorcet. Les notes, indiquées par des chiffres, renferment quelques éclaircissements sur ta méthode suivie dans ces éléments, et sont placées au bas des pages auxquelles elles se rapportent.

Les observations peuvent se diviser en deux classes.

Les premières, indiquées par des lettres capitales, ont pour objet *l'enseignement de l'Arithmétique on de la Géométrie* ; les autres, désignées par des lettres ordinaires (non capitales), renferment les notions élémentaires de logique qui doivent accompagner ces enseignements.

ARRÊTÉ

DU MINISTRE DE L'INTÉRIEUR,

Placé en tête de la première édition de cet ouvrage.

Le Ministre de l'Intérieur, après avoir entendu son Conseil d'instruction publique,

Considérant que l'ouvrage intitulé : Moyens d'apprendre à compter sûrement et avec facilité, par Condorcet, peut être utile dans l'enseignement des écoles primaires,

Arrête que cet ouvragé sera compris dans la lifte générale des livres élémentaires parmi lesquels doivent choisir les instituteurs, tant des écoles nationales que des écoles particulières, et qu'à ce titre chaque exemplaire sera marqué de l'estampille destinée à prouver l'identité de l'ouvrage,

Les commissaires du pouvoir exécutif sont chargés de veiller à ce que, dans toutes les écoles, on ne se serve que des livres indiqués dans la liste générale, et de dénoncer les contraventions à leurs administrations respectives pour y être pourvu.

Signé FRANÇOIS (DE NEUF-CHÂTEAU),

MOYENS D'APPRENDRE A COMPTER SUREMENT ET AVEC FACILITÉ[1]

PREMIÈRE LEÇON (A).

En voyant deux choses qui nous paraissent semblables, en portant notre attention d'abord sur chacune d'elles en particulier, puis sur les deux réunies, nous avons l'idée d'une chose et de deux choses, d'un et de deux.

Si, après en avoir vu une et deux, nous en voyons trois, quatre, nous avons d'abord l'idée de un, puis celle de deux, de trois de quatre, qui ne sont pas un, et qui diffèrent entre eux : nous avons donc l'idée d'unité, et celle de ce qui est un répété plus ou moins de fois : c'est l'idée de nombre (a).

On a donné des noms aux nombres ; ainsi un ajouté à un s'appelle deux, est la même chose que deux, est égal à deux ; un et un sont

deux.

Un ajouté à deux, ou, ce qui est la même chose, à un et à un, s'appelle trois, est égal à trots, un et deux sont

trois.

Un ajouté à trois s'appelle quatre, est égal à quatre; un et trois sont

quatre.

Un ajouté à quatre s'appelle cinq, est égal à cinq ; un et quatre sont

cinq.

Un ajouté à cinq s'appelle six; un et cinq sont

six.

Un ajouté à six s'appelle sept; un et six sont

sept.

Un ajouté à sept s'appelle huit; un et sept sont

huit.

Un ajouté à huit s'appelle neuf; un et huit sont

1Je ne mets pas le nom de la science dans le titre, parce qu'il faut en connaître les premiers éléments avant d'en bien entendre la définition. J'ai conservé le mot leçon, malgré l'idée un peu pédantesque qu'il peut réveiller; car, en employant un autre mot, il aurait dans peu de temps le mémo sort. D'ailleurs, la prétention de cacher le maître et l'instruction directe dans un enseignement public est une chimère; c'est vouloir jouer une comédie dont tous les enfants ont le secret.

neuf.

Un ajouté à neuf s'appelle dix; un et neuf sont

dix(b).

Un ajouté à deux est la même chose que deux ajoutés à un, puisque ce sont toujours deux choses et une chose que l'on considère comme réunies.

Un et deux sont trois; un et trots sont quatre; quatre est donc la même chose que deux auquel on ajouterait un et puis un, que deux auquel on aurait ajouté deux; deux et deux sont quatre.

Ainsi quatre, ou un auquel on aurait ajouté un, puis un, puis encore un; deux et deux, trois et un sont la même chose sont des nombres égaux.

Cinq et un sont six; six et un sont sept; Sept et un sont huit : huit est donc la même chose que cinq auquel on ajouterait un, puis un, puis encore un ; mais ajouter un, puis un, et ensuite encore un, est la même chose qu'ajouter trois ; huit est donc la môme chose que cinq auquel on ajouterait trois : cinq et trois sont huit.

Huit et un sont neuf, et un sont dix; donc huit et deux sont dix. Nous avons vu déjà que cinq et trois étaient nuit donc cinq, trois et deux sont dix (c).

On dit encore : la somme de cinq et trois est huit; la somme de six et un est sept ; la somme de cinq, trois et deux est dix.

La somme de deux nombres est le nombre que l'on trouve en les ajoutant l'un à l'autre; la somme de plusieurs nombres est le nombre que Ton trouve en les ajoutant successivement les uns aux autres.

Ainsi vous savez déjà exprimer les nombres jusqu'à dix, et de plus former et exprimer leur somme, lorsqu'elle n'est pas plus grande que dix,

On pourrait de la même manière ajouter successivement des unités à dix, et à chaque fois que l'on en ajouterait une nouvelle, donner un nom au nombre qui en résulterait. Mais on voit aisément combien la nécessité de retenir ces noms fatiguerait la mémoire; d'ailleurs, à quelque nombre qu'on se fût arrêté, en pourrait encore y en ajouter d'autres ; il faudrait, lorsqu'on en aurait besoin inventer des noms nouveaux, et, pour se faire entendre, on serait obligé de les expliquer aux autres, qui; eux-mêmes, seraient obligés de les retenir. Ainsi on a cherché des moyens d'exprimer tous les nombres avec un petit nombre de noms, de manière à être entendu de tous ceux à qui ce moyen serait connu, quelque nombre que l'on voulût exprimer.

Ensuite, on s'est aperçu que les comptes deviendraient très-longs si l'on était obligé décrire le nom de chaque nombre, et l'on a cherché à les exprimer en les écrivant par des signes qui pussent se former plus promptement :

Un s'écrit	1
Un et un, ou deux, s'écrit	2
Un et deux, ou trois, s'écrit	3
Un et trois, ou quatre, s'écrit	4
Un et quatre, ou cinq, s'écrit	5
Un et cinq, ou six, s'écrit	6
Un et six, ou sept, s'écrit	7
Un et sept, ou huit s'écrit	8
Un et huit, ou neuf, s'écrit	9
Un et un, un plus un, s'écrit	1+1
Un plus deux s'écrit	1+2

Le signe + entre deux nombres signifie qu'on les considère comme ajoutés l'un à l'autre : un plus un est égal à deux, s'écrit 1+1 = 2.

Un plus deux est égal à trois, s'écrit 1+2= 3.

Le signe = exprime que deux nombres sont égaux entre eux (d) (B).

On a senti également la nécessité de pouvoir les exprimer tous par un petit nombre de signes, pour n'être pas obligé d'en avoir beaucoup à retenir, et d'introduire un signe nouveau, quand on aurait besoin d'écrire un nombre plus grand que ceux pour lesquels on aurait des signes : ces signes s'appellent des *chiffres*.

Cette manière d'exprimer tous les nombres par un petit nombre de mots, ou de chiffres, s'appelle numération; et, comme il était possible d'en trouver plusieurs, chacune d'elles s'appelle un *système de numération.*

SECONDE LEÇON

Voici quel est le système de numération actuellement usité en France ;

Un ajouté à dix, dix et un s'appellent
dix-un.

Un ajouté à dix-un, ou deux ajouté à dix, dix et deux s'appellent
dix-deux.

Un ajouté à dix deux, ou trois ajouté à dix, dix et trois s'appellent
dix-trois.

Un ajouté à dix-trois, ou quatre ajouté a dix, dix et quatre s'appellent
dix-quatre.

Un ajouté à dix quatre, ou cinq ajouté & dix, dix et cinq s'appellent
dix-cinq.

Un ajouté à dix-cinq, ou six ajouté à dix, dix et six s'appellent
dix-six.

Un ajouté à dix-six, ou sept ajouté a dix, dix et sept s'appellent
dix-sept.

Un ajouté à dix-sept, ou huit ajouté a dix, dix et huit s'appellent
dix-huit.

Un ajouté à dix-huit, ou neuf ajouté à dix, dix et neuf s'appellent
dix-neuf.

Arrivés à ce terme, nous ne disons pas dix-dix, pour exprimer un ajouté à dix-neuf ou dix et dix; il est aisé de voir que ce moyen, si on le continuait longtemps, conduirait à former des noms trop longs, trop difficiles à reconnaître et à prononcer (e). On l'appelle donc *duante.* Ainsi:

Un et dix-neuf, dix et dix, s'appellent	duante.
Un et duante s'appellent	duante-un.
Un et duante-un, duante et deux, s'appellent	duante-deux.
Un et duante-deux, duante et trois, s'appellent	duante-trois, etc.
Un et duante-huit, duante et neuf, s'appellent	duante-neuf.
Un et duante-neuf, duante et dix, s'appellent	trente.

Dès lors, vous voyez que trente et un s'appellent trente-un, et ainsi de suite jusqu'à trente et neuf, qui s'appellent trente-neuf.

Par conséquent, on prononce :

Un et trente-neuf, trente et dix, par le mot quarante.
Un et quarante-neuf, quarante et dix, par cinquante.
Un et cinquante-neuf, cinquante et dix, par soixante.
Un et soixante-neuf, soixante et dix, par septante.
Un et septante-neuf, septante et dix, par octante.
Un et octante-neuf, octante et dix, par nonante.[1]

On aura un moyen d'exprimer successivement tous les nombres, depuis un jusqu'à nonante-neuf Exprimant ensuite:

Un et nonante-neuf, nonante et dix, par cent.
Cent et cent ou deux fois cent, par deux cents.
Cent et deux cents, ou trois fois cent, par trois cents.
Cent et huit cents, ou neuf fois cent, par neuf cents.

et plaçant après le mot cent les noms des nombres inférieurs à cent, depuis un jus qu'à nonante-neuf, pour exprimer qu'ajoutés à cent, à deux cents, à neuf cents, ils forment le nombre qu'on veut indiquer, on pourra exprimer tous les nombres, d'unités en unités, jusqu'à neuf cent nonante- neuf.

Un et neuf cent nonante-neuf, neuf cents et cent, dix fois cent, s'expriment par le mot mille.

Plaçant ensuite devant le mot mille le nombre de fois qu'il est répété dans un nombre et ensuite, après ce mot, ceux qui expriment le nombre d'unités inférieur à mille, qui peut y être ajouté, on aura le moyen d'exprimer tous les nombres, d'unités en unité, jusqu'à neuf cent nonante-neuf mille neuf cent nonante-neuf.

Un ajouté à ce dernier nombre serait la môme chose que mille ajouté

1 II m'a paru nécessaire de faire cadrer la numération parlée avec la numération en chiffres.
J'ai donc changé ceux des de nombre qui rompent l'analogie. Le changement sera même commode pour ceux des enfants très jeunes qui ne savent pas encore compter; il ne peut avoir aucun inconvénient pour les autres, car il se borne, pour eux, à la simple substitution de duante ou duante au lieu de vingt, et de dillion ou dullion au lieu de milliard.
En effet, dire dix un, dix deux, au lieu de onze, douze, n'est pas employer un nouveau mot, c'est seulement exprimer ce qu'on entend par ceux dont ou se sert actuellement : pour conserver octante, on aurait pu dire huitante; mais on a les mots octogénaire dans le langage ordinaire et octave eu musique.

à neuf cent nonante-neuf mille, que cent mille ajouté à neuf cent mille, dix fois cent mille, ou que mille mille.

On emploie le mot million, pour exprimer mille mille; ainsi, prononçant avant le mot million le nombre de fois qu'il est répété, depuis une fois jusqu'à neuf cent nonante fois, et, après le même mot, le nombre inférieur à un million, qui est ajouté au nombre des millions pour former celui qu'on veut indiquer, on pourra exprimer tous les nombres d'unités en unités jusqu'à neuf cent nonante-neuf millions neuf cent nonante-neuf mille neuf cent nonante-neuf.

Si l'on ajoute une unité, on a neuf cent nonante-neuf millions et un million, ou mille millions qu'on appelle dillion; et employant pour les aillions le même ordre d'expressions qu'on emploie pour les millions, on pourra exprimer tous les nombres, jusqu'à neuf cent nonante-neuf aillions neuf cent nonante-neuf millions neuf cent nonante-neuf mille neuf cent nonante-neuf.

Désignant donc mille dillions par le mot trillion, mille Mitions par le mot quatrillion.et ainsi de suite, on pourra exprimer tous les nombres, sans être obligé d'employer un nouveau mot, jusqu'à ce qu'on ait besoin d'exprimer un nombre mille fois plus grand que celui pour lequel on a déjà un nom convenu (a).

TROISIÈME LEÇON

Vous ne savez encore exprimer, par des chiffres, que les nombres un, deux, jusqu'à neuf, au moyen des caractères:

1. 2. 3. 4. 5. 6. 7. 8. 9.

Vous avez déjà observé qu'il aurait été impossible de reconnaître et de retenir ces caractères au-delà d'un terme même très peu éloigné, si l'on avait voulu en établir pour chaque nombre; il a donc fallu chercher à exprimer tous les nombres avec peu de caractères, par exemple avec les neuf que vous connaissez déjà.

Pour y parvenir, on a supposé que le chiffre placé le premier, désignant des unités depuis 1 jusqu'à 9, celui qui serait placé à la gauche du premier exprimerait autant de dizaines qu'il aurait exprimé d'unités s'il avait été seul.

Ainsi, dans cette expression, 32, le chiffre le plus à la droite désigne des unités, celui qui est à sa gauche désigne des dizaines: 32 exprime donc qu'un nombre est formé de deux unités et de trois dizaines ; de deux et de trente; la formule en chiffres 32 exprime trente-deux.

D'après cette supposition, pour exprimer un nombre qui, comme dix, duante, trente est composé seulement d'un certain nombre de dizaines, il suffit d'avoir un moyen d'indiquer qu'il est au second rang, qu'il est à la gauche de la place où l'on aurait mis les unités, si l'on avait voulu écrire un nombre pour lequel il eût fallu en exprimer; le moyen le plus simple était donc de mettre à cette place un caractère destiné seulement à indiquer que le chiffre qui l'aurait occupée aurait exprimé des unités, et que celui qui est à gauche exprimé par conséquent des dizaines.

On a pris pour cet usage le caractère 0 qui se prononce zéro; ainsi, dix s'écrit 10; le chiffre qui se trouve à la seconde place indiquant des dizaines, 10 exprime une dizaine ou dix.

Duante s'écrit 20; le chiffre qui se trouve à la seconde place indiquant des dizaines, 20 exprime deux dizaines ou dix et dix ou duante.

Comme entre une dizaine et une autre il n'y a que neuf unités, les neuf caractères adoptés suffisent pour exprimer tous les nombres intermédiaires entre les dizaines; ainsi vous pourrez, avec deux chiffres, exprimer tous les nombres jusqu'à nonante-neuf, ou neuf dizaines, plus neuf unités: 90 + 0 = 99.

Suivons maintenant la même marche, et convenons qu'un chiffre placé à la gauche de celui qui indique des dizaines exprime autant de dizaines de dizaines, autant de centaines qu'il aurait exprimé de dizaines, s'il s'était trouvé moins avancé d'un rang vers la droite.

Prenons l'expression 234; le chiffre 4 indique quatre unités, le chiffre 3 indique trois dizaines, le chiffre 2 indique deux centaines, autant de dizaines qu'il aurait exprimé d'unités, s'il avait été à la place du 3; autant de centaines qu'il aurait exprimé d'unités, s'il avait été à la place du 4, s'il avait été moins avancé de deux rangs vers la gauche.

Ainsi avec ce troisième chiffre vous exprimerez des centaines, depuis cent jusqu'à neuf cents ; et avec les deux chiffres suivants, tous les nombres intermédiaires entre deux centaines, depuis i jusqu'à 99 ; vous pouvez donc exprimer tous les nombres, depuis 4 jusqu'à 999.[1]

Si l'on suit la même marche, et que l'on place un quatrième chiffre à la gauche de ceux qui indiquent des centaines, il indiquera autant de dizaines de centaines, ou autant de mille qu'il aurait désigné de centaines, s'il avait été moins avancé d'un rang; autant de centaines de dizaines, s'il avait été moins avancé de deux; enfin, autant de mille qu'il aurait désigné d'unités, s'il avait été moins avancé de trois rangs : ainsi, 6452 indique six mille, quatre centaines, cinq dizaines et deux unités, ex ci prime le nombre six mille quatre cent cinquante-deux.

Le cinquième chiffre exprimera autant de dizaines de mille; le sixième, autant de centaines de mille; le septième, autant de millions; le huitième, autant de dizaines de millions, et ainsi de suite, qu'il aurait exprimé d'unités, s'il avait été te premier.

Un chiffre exprimera toujours autant de dizaines qu'il aurait exprimé d'unités, s'il avait été moins avancé d'un rang; autant de centaines qu'il aurait exprimé d'unités, s'il avait été moins avar é de deux rangs; autant de mille, de dizaines de mille, de centaines de mille, de millions, et ainsi de suite, qu'il aurait exprimé d'unités, s'il avait été moins avancé de

1 J'expose ici la manière dont on aurait pu être conduit à travers le système de numération, sans cependant y trop insister. Dans une instruction commune, on ne peut suivre, une marche aussi rigoureuse à cet égard que dans une instruction particulière; ce qui, dans celle-ci, est une conversation, une espèce de jeu entre l'instituteur et l'élève, deviendrait ici une farce concertée dont les élèves sentiraient le ridicule.
On trouve ici des détails qui paraîtront peut-être superflus; mais je les crois nécessaires pour empêcher que les élèves n'apprennent la numération chiffrée ou parlés que par la mémoire : ces raisonnements exerceront leur esprit, et les aideront en mémé temps à mieux retenir ce qu'on leur enseigné.

trois, de quatre, de cinq, de six rangs, et ainsi de suite.

Le nombre le plus grand qu'on puisse exprimer avec un chiffre est 9; avec deux chiffres, 99; avec trois, 999; avec quatre, 9999, et en général le plus grand nombre que l'on puisse exprimer avec un certain nombre de chiffres, est composé d'une suite de 9; en effet, il renferme alors le plus d'unités, de dizaines, de centaines, etc., qu'il est possible d'en indiquer dans les rangs de chiffres qui y répondent.

Le plus petit nombre qu'on ne puisse exprimer qu'avec deux chiffres est 10; 100, le plus petit qu'on ne puisse exprimer qu'avec trois chiffres; 1000, le plus petit qu'on ne puisse exprimer qu'avec quatre chiffres; en général, le plus petit nombre qu'on ne puisse exprimer qu'avec un certain nombre de chiffres est l'unité suivie de zéro. En effet, l'unité est le plus petit nombre que l'on puisse placer au rang le plus avancé vers la gauche; et, quelque nombre qu'on mit à la place d'un des zéros, le nombre total serait plus grand.

Le plus grand nombre qu'on puisse exprimer avec un chiffre, et le plus petit qui en exige deux, savoir, 9 et 10, ne diffèrent que d'une unité. Le plus grand nombre qu'on puisse exprimer avec deux chiffres, et le plus petit qui en exige trois, savoir, 99 et 100, ne diffèrent que d'une unité. En général, le plus grand nombre qu'on puisse exprimer avec un certain nombre de chiffres, et le plus petit qui exige un chiffre de plus, ne diffèrent entre eux que d'une, unité; en effet, le plus petit nombre est exprimé par une suite de 9; or, ajoutant une unité à 9 unités, vous avez une dizaine; ajoutant cette dizaine à 9 dizaines que vous avez dans ce môme nombre, vous avez une centaine; ajoutant celte centaine aux neuf autres, vous avez un mille, et ainsi de suite; vous avez donc toujours un nombre exprimé par l'unité suivie d'autant de zéros que vous avez de 9.

On peut exprimer tous les nombres par cette méthode. En <effet, puisqu'en augmentant d'une, unité le nombre des zéros qui suivent le chiffre 1, on lui fait exprimer un nombre dix fois plus grand, il est clair qu'on peut lui faire exprimer in nombre plus grand que celui qu'on voudrait écrire: il sera donc exprimé par un nombre de chiffres moindre.

Prenant le plus grand nombre que ces chiffres puissent exprimer, il est clair qu'en mettant dans les colonnes des unités 8, 7, 6, 5, 4, 3, 2, 1, 0 à la place de 9, on le diminuera successivement de neuf unités; que, mettant dans la colonne des dizaines 8, 7,..., 1, 0, au lieu de 9, on diminuera successivement de9 le nombre des dizaines, et ainsi de suite; on le diminuera donc successivement, unités par unités, de 9 unités ; puis, d'une dizaine et de 9 unités; puis, de 2 dizaines et de 9 unités, et ainsi de suite : on parviendra donc jusqu'à la combinaison de chiffres qui exprime le nombre cherché,

Si l'on vous propose d'écrire en chiffrée un nombre exprimé par des mots, supposons d'abord qu'il ne comprenne pas de nombre plus grand que des centaines, comme, par exemple, trois cent cinquante-deux: vous observerez qu'il est composé de 3 centaines, de 5 dizaines, de 2 unités.

Ecrivant donc d'abord le chiffre qui indique les centaines, plaçant à ta droite celui qui indique les dizaines, et à la droite de celui-ci le chiffre qui indique les unités, vous aurez écrit en chiffres le nombre exprimé, 352.

En effet, puisque vous savez qu'en écrivant un chiffre à la gauche d'un autre, il indique des dizaines si l'autre indique des unités, il est clair que le chiffre mis à la droite l'un autre indique des unités si l'autre indiquait des dizaines.

Mais si le nombre renferme des quantités plus grandes que des centaines, comme vous savez que les dénominations changent toutes les fois que vous arrivez à un nombre mille fois plus grand, que dix centaines ou mille unités s'appellent mille, que mille mille s'appellent un million, mille millions, un dillion, etc., vous n'aurez qu'à écrire successivement, en allant de gauche à droite, le nombre des centaines, des dizaines, des unités, de million, de mille, d'unités, à mesure et suivant l'ordre quo vous les prononcez.

Ainsi, pour écrire trois cent duante-huit millions cinq cent septante-quatre mille neuf cent soixante-un, vous écrirez successivement les chiffres 3, 2, 8, 5, 7, 4, 9, 6, 1,

328 574 961.

Lorsque les unités, les dizaines, ou les centaines manquent pour une dénomination, vous n'en prononcez pas le nom; ainsi, par exemple, si vous dites, trois cent neuf mille trente-un, vous ne prononcez pas le nom des dizaines de mille, ni celui des centaines d'unités'; mais, comme en écrivant en chiffres, c'est leur place seule qui indique leur valeur, pour qu'ils l'aient réellement, il faut écrire un zéro à la place du chiffre répondant à chaque dénomination que vous ne prononcerez pas

: vous écrirez donc 309031; en effet, si vous écriviez 9,3,4, sans placer 0 à la place qu'occuperaient les centaines, vous auriez 931, neuf cent trente-un, et non neuf mille trente-un.

Si vous avez à écrire neuf mille, vous écrirez 9000, en mettant 0 à la place qu'occuperaient les centaines, les dizaines, les unités qui ne se trouvent pas dans ce nombre.

Pour exprimer par des mots un nombre écrit en chiffres, vous chercherez d'abord par quelle dénomination vous devez commencer ainsi, par exemple, ayant 4325, et sachant que le premier chiffre vers la droite indique des unités, vous trouverez que le second indique des dizaines ; le troisième, des centaines; le quatrième et dernier, des mille; c'est donc par des mille que vous devez commencer, et disant avant chaque dénomination le nombre exprimé par chaque chiffre, vous prononcerez quatre mille trois cent duante-cinq; si vous aviez un nombre, comme 327 256 498, puisque le premier chiffre à droite désigne des unités, vous diriez, en allant de la droite vers la gauche, unités, dizaines, centaines, mille, dizaines de mille, centaines de mille, million, dizaines de million, centaines de million ; et alors, étant parvenu au dernier chiffre 3, vous prononceriez trois cent duante-sept millions, deux cent cinquante-six mille, quatre cent nonante- huit, 327 286 498.

S'il se trouve des zéros, vous ne prononcez point la dénomination qui répond à la place qu'ils occupent; en effet, ils y ont été écrits pour conserver aux autres chiffres le rang qu'ils doivent avoir, rang qui en détermine la valeur ; au lieu que, dans la numération exprimée par des mots, ce sont les dénominations qui indiquent la valeur des nombres; et il faut supprimer celles auxquelles aucun nombre ne répond.

Si, par exemple, vous avez 203 005 304, vous direz : deux cent trois millions, cinq mille, trois cent quatre, puisqu'il n'entre ni dizaines de millions, ni centaines ou dizaines de mille, ni dizaines d'unités dans ce nombre (A) (a).

Vous savez maintenant exprime par des mots et par des chiffres tous les nombres que vous pourrez former, écrire en chiffres ceux que vous entendrez prononcer, et exprimer par des mots ceux que vous verrez écrits et chiffrés.

QUATRIÈME LEÇON

Vous avez vu les nombres se former, en ajoutant des unités à des unités, des dizaines à des dizaines, des centaines à des centaines.

Maintenant, supposons que vous connaissiez deux nombres, et que vous désiriez ou que vous ayez besoin d'en avoir la somme, de connaître le nombre qu'on peut former en les ajoutant l'un à l'autre, le nombre total de choses que vous savez exister à la fois, d'abord en tel nombre, ensuite en tel autre nombre (A).

Supposons, par exemple, que vous ayez 13 choses dans un endroit, et 26 dans un autre, et que vous vouliez savoir combien vous en avez en tout : pour cela, il faut prendre la somme de ces deux nombres, c'est-à-dire ajouter 26 à 13.

Vous voyez, au premier coup d'œil que 13 est 1 dizaine et 3 unités; quo 26 est 2 dizaines et 0 unités; vous savez que 3 unités et 6 unités sont 9 unités; que 1 dizaine et 2 dizaines sont 3 dizaines : les deux nombres renferment donc 9 unités et 3 dizaines, leur somme est donc 39.

Quels que soient deux nombres, vous pouvez employer le même moyen; et, connaissant par, là la somme des unités, des dizaines, des centaines que contiennent les deux nombres, vous connaîtrez leur somme.

Supposez, par exemple, que vous vouliez ajouter135 à 643, ou 2345 à 3621, vous verrez que les deux premiers nombres réunis renferment 8 unités, 7 dizaines et 7 centaines; leur somme sera 778. Vous verrez que les deux seconds réunis renferment 6 unités, 6 dizaines, 9 centaines et 5 mille; leur Somme sera donc 5966 (a).

Si vous ajoutiez ainsi l'un à l'autre des nombres composés d'une plus grande quantité de chiffres, vous apercevriez bientôt que la nécessité de conserver, dans votre mémoire, la somme des unités, des dizaines, des centaines, quand vous êtes arrivé aux mille, par exemple, exige une attention fatigante; et que, si vous en manquez, vous êtes obligé de recommencer l'opération : mais, pour la faire plus facilement, vous n'avez qu'à écrire l'un sous l'autre les nombres que voulez ajouter ensemble, en plaçant les unités sous les unités, les dizaines sous les dizaines, les centaines sous les centaines, et vous direz ensuite : 5 et 3 sont huit, j'écris 8; 3 et 4 sont 7, j'écris 7 ; 1 et 6 sont 7, j'écris 7 : la somme est donc 778; et 135 plus 643 égalent 778.

De même vous direz 5 et 1 sont 6, j'écris 6; 4 et 2 sont 6, j'écris 6; 3 et 6 sont 9, j'écris 9; 2 et 3 sont 5, j'écris 5 : la somme est donc 5966; 2345, plus 3621 égalent 5966.

FORMULE de l'opération.

$$\begin{array}{r} 135 \\ +\ 643 \\ \hline =\ 778 \end{array} \qquad \begin{array}{r} 2345 \\ +\ 3621 \\ \hline =\ 5966 \end{array}$$

Prenons maintenant les deux nombres 18 et 25; vous direz, 8 et 5 sont 13, et vous écrirez 13 ; vous direz ensuite : 1 et 2 dizaines sont 3 dizaines, ou 30, et vous écrirez 30; vous aurez donc : 18 plus 25, égal à 13 plus 30.

$$\begin{array}{r} 18 \\ +\ 25 \\ \hline =\ 13 \\ +\ 30 \end{array}$$

Vous direz ensuite : 3 unités et point dans le second nombre, sont 3 unités; ou plus simplement, 3 et 0 sont 3 : vous écrirez 3; ensuite, 1 dizaine et 3 dizaines sont 4 dizaines, et vous écrirez 4 dizaines : vous aurez donc 13 plus 30, qui sont la même chose que 18 plus 25, égal à 43 :

$$\begin{array}{r} 13 \\ +\ 30 \\ \hline =\ 43 \end{array}$$

Mais vous avez été obligé de faire deux opérations, et il vous serait commode de n'en faire qu'une ; pour cela, vous remarquerez qu'après avoir dit 8 et 5 sont 13, vous n'avez plus d'unités à considérer : vous écrirez donc 3 unités; mais vous avez encore des dizaines : vous n'écrirez pas cette dizaine que vous avez eue en ajoutant 8 à 5, mais (vous vous en souviendrez) vous la retiendrez; vous direz donc, 8 et 5 sont 13, j'écris 3 et retiens 1 dizaine; 1 dizaine que j'ai retenue, et 1 dizaine sont 2, et 2 autres sont 4, cl vous écrirez 4 dizaines.

(B) $\left\{\begin{array}{r} 18 \\ +\ 25 \\ \hline =\ 43 \end{array}\right.$

Prenons encore les deux nombres 4758, 8967; vous direz : 8 et 7 sont 15, j'écris 5 et retiens 1 dizaine, ou plus simplement retenez 1; 1 dizaine et 5 dizaines sont 6 dizaines, et 6 dizaines, sont 12 dizaines, j'écris 2 dizaines et retiens 1 dizaine de dizaines, c'est-à-dire 1 centaine, ou plus simplement 1 (que j'ai retenu) et 5 sont 6, et 6 sont 12, j'écris 2 et retiens 1 ; puis 1 (que j'ai retenu) et 7 sont 8, et 9 sont 17, j'écris 7 (centaines) et retiens 1 (1 dizaine de centaines ou 1 mille); enfin 1 (que j'ai retenu) et 4 sont 5, 5 et 8 sont 13, j'écris 13 (13 mille); vous trouverez donc 4758, plus 8967, égal à 13725.

(C) $\left\{\begin{array}{r} 4758 \\ +\ 8967 \\ \hline =\ 13725 \end{array}\right.$

Si vous avez trois nombres à ajouter ensemble, vous suivrez la même méthode : vous lés placerez tous trois l'un sous l'autre, de manière que les unités soient sous les unités, les dizaines sous les dizaines, les centaines sous les centaines, ainsi de suite; puis vous ajouterez, 1° les unités du premier nombre à celles du second, et à leur somme celles du troisième; 2° les dizaines du premier nombre à celles du second, et à leur somme celles du troisième; 3° les centaines du premier nombre à celles du second, et à leur somme celles du troisième, et ainsi de suite; vous écrirez, après chacune de ces additions partielles d'unités, de dizaines, de centaines, les unités simples, les unités de dizaines, de centaines qui en résultent, et vous retiendrez les dizaines d'unités, de dizaines, de centaines, etc., qu'elles vous auront données.

Par exemple, si vous voulez ajouter ensemble les trois nombres 1759,

7837, 8453, vous direz, après les avoir écrits l'un sous l'autre : 9 et 7 sont 16 et 3 sont 19, j'écris 9 et retiens 1; 1 (que j'ai retenu) et 5 sont 6, et 3 sont 9, et 5 sont 14, j'écris 4 et retiens 1 ; 1 et 7 sont 8, 8 et 8 sont 16, et 4 sont 20 (ou 2 dizaines), j'écris 0 et retiens 2 ; 2 et 1 sont 3, 3 et 7 sont 10, 10 et 8 sont 18; j'écris 18, et j'ai 4759, plus 7837, plus 8453, égal à 18049.

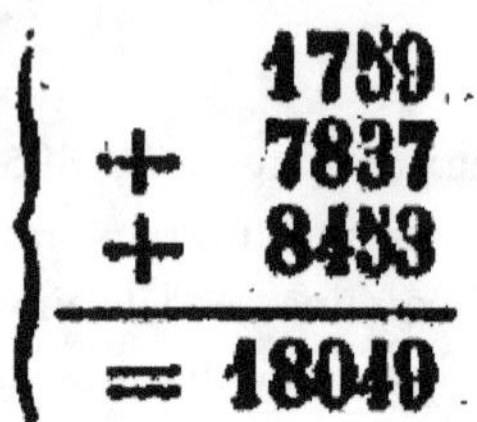

(b) Vous voyez comment, en suivant la même marche, vous pouvez exécuter la même opération sur une quantité de nombres quelconque, quelque nombre de chiffres qu'ils contiennent; cette opération, par laquelle vous ajoutez ensemble plusieurs nombres, s'appelle addition.

CINQUIÈME LEÇON

Vous avez vu tous les nombres se former successivement par l'addition plus ou moins répétée d'unités ou de nombres plus petits ; le nombre dix, par exemple, peut être formé en ajoutant trois à sept : 7 + 3 = 10; il vous est facile d'en conclure que, si vous ôtez successivement trois unités de dix, il doit vous rester le nombre sept ; et que 10 moins3 est égal à 7; 10 – 3 = 7 (A).

Vous pouvez avoir, pour ôter, retrancher, soustraire un nombre plus petit d'un nombre plus grand, les mêmes motifs que vous avez eus pour ajouter plusieurs nombres ensemble : il vous sera possible, sans doute, de retrancher successivement autant d'unités du plus grand nombre, qu'il y en a dans le plus petit, et, par ce moyen, d'exécuter l'opération dont vous avez besoin ; mais il est aisé de voir que cette opération serait excessivement longue, pour peu que le nombre à retrancher fût grand.

Vous devez donc chercher un moyen plus simple j'exécuter cette opération: essayons d'appliquer ici le moyen qui nous a réussi pour l'addition, et de soustraire les unités des unités, les dizaines des dizaines, les centaines des centaines, etc., comme nous avons (pour faciliter l'opération précédente) ajouté les unités aux unités, les dizaines aux dizaines, les centaines aux centaines, etc.

(a) Plaçons également un nombre sous l'autre, de manière que les chiffres qui indiquent des dénominations semblables se répondent; et convenons de mettre le nombre qui doit être soustrait, sous celui dont pu veut le soustraire.

Supposons, par exemple, que vous ayez 124 à soustraire de 367; vous direz : j'ôte 4 unités de 7 unités, j'ôte 4 de 7, reste 3 unités, reste 3; j'ôte 2 dizaines de 6 dizaines, j'ôte 2 de 6, reste 4 dizaines, reste 4; j'ôte une centaine de trois centaines, j'ôte 1 de 3, reste 2 centaines, reste 2 : et je trouve que, si j'ôte 124 de 367, il reste 243 ; que 367 mains 124 égale 243.[1]

FORMULE de l'opération.

	367
–	124
=	243

1 J'ai suivi le mode ordinaire de faire les soustractions; mais j'en propose deux autres dans les observations, et le dernier surtout me parait préférable à celui qui est en usage

Supposons ensuite que vous ayez 54 à retrancher de 71 ; vous verrez d'abord que vous ne pouvez retrancher les unités des unités, puisque 4 est plus grand que 1 ; mais vous pouvez prendre une dizaine sur le plus grand nombre qui restera encore égal ou plus grand que ce qui vous reste à retrancher.

Il reste ici 6 dizaines, et vous en avez 5 seulement à retrancher ; la même chose aura toujours lieu.

En effet, supposons ce reste de dizaines plus petit; il le serait au moins de 1, c'est à dire d'une dizaine : il aurait donc été égal avant que l'on eût pris cette dizaine; les deux nombre sauraient donc contenu le même nombre de dizaines, de centaines... et n'auraient différé que par celui des simples unités. Mais le nombre à sous traire en contient davantage; il serait donc plus grand que le nombre dont on veut le sous traire, et l'opération serait absurde (b),

Vous dires donc : ôter 4 dei est impossible; je prends une dizaine sur les 7, j'emprunte une dizaine; 10 et 1 sont 11; j'ôte 4 de 11, reste 7; j'ôte 5 dizaines de 6 dizaines qui me restent, puisque j'en avais 7, et que j'en ai déjà pris une; j'ôte 5 de 6, reste 1.

Je trouve donc qu'après avoir ôté 54 de 71, il reste 17; que 71 moins 54 égale 17.

$$\left\{\begin{array}{r} 71 \\ -\ 54 \\ \hline =\ 17 \end{array}\right.$$

Si vous avez maintenant à soustraire 4535 de 6223, vous direz : ôter 5 de 3 est impossible ; j'emprunte une dizaine ; 10 et 3 (unités qui entrent dans le premier nombre) sont 13; j'ôte 5 de 13, reste 8. Oter 3 (dizaines) de 1 dizaine qui reste seule, puisque j'en ai déjà pris une de deux que j'avais, est impossible; j'emprunte une centaine; une dizaine de dizaines et une dizaine que j'avais, sont 11 dizaines; 10 et 1 sont 11 ; j'ôte 3 (dizaines) de 11 (dizaines), reste 8 (dizaines). Oter 5 (centaines) de 1 (centaine qui me reste), est impossible : j'emprunte une dizaine de centaines, ou mille ; une dizaine de centaines et une centaine qui me reste, 10 et 1 sont 11 ; j'ôte 5 (centaines) de 11 (centaines), reste 6 (centaines). J'ôte enfin 4 mille de 5 mille qui me restent, puisque des 6 que j'avais, j'en ai déjà pris un mille, j'ôte 4 de 5, reste 1; et je trouve que, si je soustrais 4535 de 6223, il reste 1688; que 6223 moins 4535 égale1688.

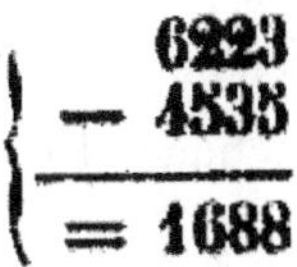

Prenons enfin un dernier exemple, et retranchons 2453 de 3201; vous direz: ôter 3 de 1, est impossible; vous observerez, ensuite que le nombre dont vous devez soustraire, ne vous présente pas de dizaines, mais seulement des centaines; vous pourrez donc prendre une centaine ou dix dizaines, dont vous emprunterez une, en réservant les neuf autres. Ainsi vous direz : j'emprunte une dizaine; 10 et 1 sont 11 : j'ôte 3 de 11, reste 8. Maintenant vous avez à retrancher 5 (dizaines) ; mais il vous en reste 9 des 10 que vous aviez prises; vous direz donc : ôter 5 de 0 est impossible, j'emprunte une dizaine (de dizaines), sur laquelle j'ai déjà emprunté une (dizaine), reste 9 ; j'ôte 5 de 9, reste 4 : ôter 4 (centaines) de 1 (centaine) qui me reste, est impossible; j'emprunte une dizaine (de centaines); 10 et 1 qui me reste, sont 11 ; j'ôte 4 de 11, reste 7 ; j'ôte 2 (mille) de 2 (mille qui me restent), reste 0 : je trouve donc, qu'ôtant 2453 de 3201, il reste 748; que 3201 moins 2453 égale 748.

(B)

$$\begin{array}{r} 3201 \\ -\ 2453 \\ \hline =\ \ 748 \end{array}$$

Vous pouvez observer qu'il vous suffira toujours de prendre, d'emprunter une unité sur le chiffre qui exprime des dizaines, par rapport à celui que vous avez à retrancher.

En effet, supposez que sur cette unité de dizaines vous ayez déjà eu besoin d'emprunter une unité, il en restera 0; or le nombre que vous avez à retrancher sera toujours, ou égal à 9, ou plus petit que 9 ; et vous avez vu déjà que, toutes les fois que vous empruntiez une dizaine, ce qui restait de la totalité des nombres était nécessairement (c) égal ou supérieur à ce que vous aviez encore à retrancher.

Ce qui reste d'un nombre, après en avoir retranché un plus petit, le nombre dort! Le plus grand surpasse le plus petit, s'appelle la différence de ces nombres.

L'opération par laquelle vous retranchez, vous soustrayez un nombre d'un autre, s'appelle soustraction.

On donne le nom d'arithmétique à l'art de faire des opérations quelconques sur les nombres.

SIXIÈME LEÇON

Il est possible de se tromper, soit en faisant une addition, soit en faisant une soustraction (a).

Il serait donc utile d'avoir un moyen de s'en apercevoir.

Ce moyen est une autre opération qui doit vous donner un certain résultat, connu d'avance si la première opération a été juste.

Par exemple, vous avez retranché un nombre d'un outra : 17 de 54 par exemple; vous avez trouvé une différence qui est ici de 37. Mais si cette différence est ce qu'elle doit être, il faut que, l'ajoutant au plus petit nombre, qu'ajoutant 37 à 17, vous retrouviez le plus grand nombre, 54.

En effet, si 17 et 37 sont 54, en ôtant 17 de 54, il doit vous rester 37.

Si un nombre ajoutée un autre forme un certain nombre donné, il est clair que, retranchant de ce dernier nombre un des deux premiers, on doit avoir l'autre pour différence (b).

Ainsi, après avoir, par exemple, trouvé que 1728 moins 859 sont 869.

$$\left\{\begin{array}{lr} & 1728 \\ - & 859 \\ \hline = & 869 \end{array}\right. \qquad \left\{\begin{array}{lr} & 869 \\ + & 859 \\ \hline = & 1728 \end{array}\right.$$

Vous ajouterez le plus petit nombre (859) et la différence (869), et la somme étant égale à 1728, vous en conclurez que vous ne vous êtes pas trompé dans l'opération.

Si la somme du plus petit nombre et de la différence n'est pas le même nombre que le plus grand, il faut nécessairement que vous vous soyez trompé, soit en formant cette somme, soit en prenant la différence, soit dans l'une et l'autre à la fois; vous devez donc recommencer l'une et l'autre opération, jusqu'à ce qu'elles vous donnent le résultat qui doit avoir lieu, quand elles sont justes (A).

Si vous trouvez la somme de la différence et du plus petit nombre égale au plus grand, il est possible que vous vous soyez trompé dans les deux opérations, mais de manière que les erreurs se compensent, comme si, ayant trouvé la différence plus petite qu'elle n'est, de deux unités par exemple, vous trouviez une somme plus grande de deux unités qu'elle ne doit être réellement; ou si, ayant trouvé la différence trop grande de deux unités, vous trouviez une somme plus petite de deux unités qu'elle ne devrait être. Mais il doit être très rare de se tromper ainsi dans les deux opérations en sens contraire, et d'un nombre égal dans chacune.

Il est très vraisemblable que la première opération a été juste, ainsi que la seconde, quand celle-ci offre le résultat qu'elle a nécessairement lorsque toutes deux ont été justes. Il est plus probable que toutes deux sont justes, qu'il ne l'est que toutes deux contiennent précisément une erreur épie et en sens contraire (c).

Si vous voulez vérifier une addition, par exemple, celle-ci :

$$\left\{\begin{array}{r} 357 \\ +\ 229 \\ +\ 342 \\ \hline =\ 928 \end{array}\right.$$

Vous observerez, si vous ôtez 229 de la somme des trois nombres, que le reste doit cire égal à la somme des deux nombres restants. Ainsi vous ferez les deux opérations suivantes :[1]

$$\left\{\begin{array}{r} 928 \\ -\ 229 \\ \hline =\ 699 \end{array}\right. \qquad \left\{\begin{array}{r} 357 \\ +\ 342 \\ \hline =\ 699 \end{array}\right.$$

Et de ce que cette différence de la somme des trois nombres avec l'un d'eux se trouve égale à la somme des deux restants, vous en conclurez que l'opération a été bien faite : autrement, il faudrait que vous vous fussiez trompé dans deux de ces opérations, et que les erreurs se fussent compensées : ce qui n'est pas probable. L'opération ou les opérations par lesquelles on vérifie celle que l'on a faite, en forment ce qu'on appelle la preuve.

La somme de deux nombres est le plus grand plus le plus petit. Soit 5

1 La preuve commune de l'addition est compliquée et dégoûte presque tous les commençants; celle que j'y ai substitutes plus simple: d'ailleurs on ne peut pas l'oublier aussi aisément que l'autre.

et 9; leur somme est 14; 5 + 9 = 14. La différence de deux nombres est le plus petit retranche du plus grand, le plus grand moins le plus petit : la différence de 9 et 5 est 4 : 9 - 5 = 4. Si vous ajoutez la différence à la somme, vous aurez le plus grand nombre plus le plus petit, plus encore une fois le plus grand nombre moins le plus petit; mais ajouter un nombre moins un autre, c'est ajouter le premier et retrancher le second, puisqu'en ajoutant le premier on a ajouté un nombre plus grand qu'il ne fallait d'une quantité égale au second. Les deux opérations d'ajou.er et de retrancher le plus petit nombre se détruisent : donc la somme de la somme des deux nombres et de leur différence sera égale à deux fois le plus, grand nombre; 9 + 5 + 9 – 5 = 9 + 9 = 18, 14 + 4 = 18, 14 plus 4 égale 18, égale deux fois 9.

De même, si vous retranchez la différence des deux nomb.res de leur somme, vous aurez le plus grand nombre, plus le plus petit, dont il faut retrancher le plus grand moins le plus petit. Mais retrancher le plus grand moins le plus petit est la même chose que retrancher le plus grand et ajouter le plus petit; car, si vous retranchez le pins grand seul, vous ôtez un nombre qui surpasse celui que vous devez ôter d'un nombre égal au plus petit; vous ôtez donc celui-ci de trop; vous devez donc l'ajouter pour rétablir l'identité; vous aurez donc la différence entre la somme des deux nombres, et leur différence égale à deux fois le plus petit nombre, à quoi il faut ajouter le plus grand nombre, et le retrancher ensuite : opérations qui se détruisent l'une l'autre; celte différence sera donc égale à deux fois le plus petit nombre : 14 moins 4 est 10, qui est double de 5.

$$
\text{(B)} \quad \left\{ \begin{array}{l} (9+5) - (9-5) \\ = 9 - 9 + 5 + 5 \\ = 5 + 5 = 10 \\ 14 - 4 = 10 \end{array} \right.
$$

SEPTIÈME LEÇON

Si vous avez besoin d'ajouter l'un à l'autre deux nombres égaux entre eux, vous pouvez employer l'opération que vous avez appris à exécuter; mais si vous vouliez ajouter les uns aux autres; vingt, trente, cent nombres égaux, cette addition deviendrait une opération très longue : il vous serait donc utile d'avoir un moyen de l'abréger.

Cherchons ce moyen, et prenons le nombre 254, que nous supposons devoir être répété cinq fois, ou, ce qui est la même chose, ajouté quatre fois à lui-même. Pour faire l'addition, vous écririez cinq fois ce nombre, puis vous ajouteriez d'abord quatre fois le nombre 4 à lui-même, vous trouveriez la somme 20; vous écririez 0 et retiendriez 2; vous ajouteriez ensuite quatre fois le nombre de 5 dizaines à lui-même; vous trouveriez 10, et 2 que vous auriez retenus, faisant 27; vous écririez 7 et retiendriez 2; vous ajouteriez enfin 2 centaines quatre fois à elles-mêmes ; vous trouveriez 40, et 2 que vous auriez retenus, faisant 12 ; vous écririez 12, et vous auriez 254 pris cinq fois, ajouté quatre fois à lui-même, égal à 1270.

Mais, au lieu de dire 4 et 4 sont 8, et 4 sont 12, et 4 sont.16, et 4 sont 20, vous pouvez dire, 4 répété cinq fois, cinq fois 4, sont 20, j'écris 0 et retiens 2; au lieu de 5 et 5 sont 10, et 5 sont 15, et 5 sont 20, et 5 sont 25, vous pouvez dire, 5 répété cinq fois, ou cinq fois 5, sont 25, et 2 sont 27, j'écris 7 et retiens 2; ensuite vous pouvez dire de même : cinq fois 2 sont 10, et 2 sont 12, j'écris 12. Ce moyen est beaucoup plus court, et exige seulement que vous vous souveniez que cinq fois 4 sont 20, que cinq fois 5 sont 25, que cinq fois 2 sont 10.

Prenez maintenant le nombre 3546, et cherchez la somme de ce nombre répété sept fois, ajouté 6 fois à lui-même : vous direz, sept fois

6 sont 42, j'écris 2 et retiens 4; sept fois 4 sont 28, et 4 (que j'ai retenus) sont 32, j'écris 2 et retiens 3; Sept fois 5 sont 35, et 3 (que j'ai retenus) sont 38, j'écris 8 et retiens 3 ; sept fois 3 sont 21, et trois (que j'ai retenus) sont 24, j'écris 24: 3546 pris sept fois est donc égal à 24822.

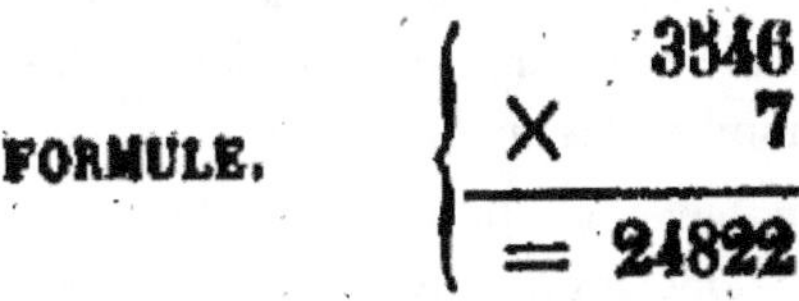

Prendre la somme de sept nombres égaux entre eux, du même nombre répété sept fois, prendre un nombre sept fois, s'appelle aussi le multiplier par 7.

Le nombre que vous devez ajouter à lui-même, répéter ou prendre plusieurs fois, s'appelle multiplicande ; celui qui désigne combien de fois le premier doit être pris, s'appelle multiplicateur.

Le nombre que l'on trouve en prenant un nombre un certain nombre de fois, en le multipliant par un autre nombre, s'appelle le produit. L'opération par laquelle on obtient le produit, s'appelle, multiplication; et vous voyez qu'elle n'est qu'une addition abrégée.

Ainsi, dans l'exemple précédent, 3546 est le multiplicande; 7, le multiplicateur 24822, le produit ; et le signe X indique que le nombre qui le précède doit être multiplié par celui qui le suit. La formule ci-dessus exprime que 3546 multiplié par 7 égale 24822.

Trois fois 1 est la même chose qu'une fois 3 : en effet, trois fois 1 est une unité répétée trois fois; et une fois 3, n'est aussi que 3, ou une unité répétée trois fois. Cinq fois 9 est la même chose que neuf fois 5 : (en effet) 9 est l'unité répétée neuf fois; mais cinq, fois une unité est 5 : cinq fois 9 est donc la même chose que 8 répété neuf fois, la même chose que neuf fois 5.

$$9 \times 5 = 5 \times 9$$

Si vous avez d'abord à multiplier 2 par 3, et ensuite à multiplier le produit par 4, vous aurez

$$2 \times 3 = 6, 6 \times 4 = 24$$

mais, au lieu de 6, vous pourriez écrire 2 x 3, puisque ces deux expressions désignent le même nombre : vous aurez donc 2 x 3 x 4 = 24.

Vous venez de voir que 6 x 4 = 4 x 6, 4 x 6 = 4 x 2 x 3; et, par conséquent, 2 x 3 x 4 = 4 x 2 x 3.

D'où vous conclurez qu'ayant à multiplier successivement plusieurs nombres les uns par les autres, dans quelque ordre que vous fassiez la multiplication, vous aurez le même produit; de même que vous avez vu que vous aviez la même somme, dans quelque ordre que vous ajoutassiez les mêmes nombres les uns aux autres.

Vous saurez maintenant multiplier un nombre d'un seul chiffre par un autre, sans aucune opération nouvelle, pourvu que vous ayez formé et retenu les valeurs des produits de

2 - 3 - 4 - 5 - 6 - 7 - 8 - 9, par 2;
de. . . . . 3 - 4 - 5 - 6 - 7 - 8 - 9, par 3;
de. . . . . . . 4 - 5 - 6 - 7 - 8 - 9, par 4;
de. . . . . 5 - 6 - 7 - 8 - 9, par 5;
de. . . . . 6 - 7 - 8 - 9, par 6;
de. . . . . 7 - 8 - 9, par 7;
de. . . . . 8 - 9, par 8;
de. . . . . 9, par 9.

En effet, vous n'avez pas besoin de retenir séparément le produit de 2 par 3, si vous connaissez celui de 3 par 2, qui est la même chose et ainsi de suite : vous n'aurez donc que 36 produits à former d'avance cl à retenir.

HUITIÈME LEÇON

Vous savez par quelle méthode on peut trouver le produit d'un nombre, quel qu'il soit, par un autre nombre formé d'un seul chiffre; et vous devez chercher maintenant à étendre cette méthode aux cas où le multiplicateur a plusieurs chiffres. Soit, par exemple, 467 à multiplier par 238; vous suivrez la même marche qui vous a réussi jusqu'ici ; et vous regarderez le nombre 238 comme formé de 8 unités, de 3 dizaines et de 2 centaines : vous n'aurez donc qu'à multiplier 467 par 8 unités, par 3 dizaines ou 30, par 2 centaines ou 200, et ajouter ensemble ces trois produits pour avoir celui de 467 par 238.

Or vous savez déjà le multiplier par 8 unités; vous observerez ensuite que multiplier par 3 dizaines est la même chose que multiplier par 3, et multiplier ensuite le produit par 10; mais multiplier par 10, c'est rendre un nombre dix fois plus grand, de manière qu'il renferme autant de dizaines qu'il contenait d'unités simples, de centaines qu'il contenait de dizaines, etc., et, en général, autant de dizaines qu'il contenait d'unités.

Vous aurez donc le produit de 467 par 3 dizaines, en multipliant ce nombre par 3, et en rendant ensuite le produit dix fois plus grand : ce qui s'exécute en plaçant 0 à ta droite des nombres qui l'expriment. Enfin, vous observerez également que multiplier par 2 centaines est la même chose que multiplier d'abord par 2, et multiplier ensuite le produit par 100, en le rendant cent fois plus grand, en faisant qu'il contienne autant de centaines qu'il contenait d'unités : ce qui s'exécute en plaçant deux fois 0 à la droite des chiffres qui expriment ce produit.

Vous direz donc : 8 fois 7 sont 56; j'écris 6 et retiens 5; 8 fois 6 sont 48, et 5 (que j'ai retenus) sont 53, j'écris 3 et retiens 5; 8 fois 4 sont 32, et 5 (que j'ai retenus) sont 37, j'écris 37 : le produit de 467 par 8 est donc 3736 :

$$\begin{array}{r} 467 \\ \times \quad 8 \\ \hline = \; 3736 \end{array}$$

Vous direz ensuite : 3 fois 7 sont 21 j'écris 1 et retiens 2; 3 fois, 6 sont 18 et 2 (que j'ai retenus) sont 20, j'écris 0 et retiens 2; 3 fois 4 sont 12, et 2 (que j'ai retenus) sont 14, j'écris 14 : vous aurez donc le produit de

467 par 3 égala 1401; mais ce produit doit être dix fois plus grand ou égal à 14010.

$$(2)\left\{\begin{array}{r} 467 \\ \times \quad 3 \\ \hline = 1401 \end{array}\right. \quad (3)\left\{\begin{array}{r} 467 \\ \times \quad 2 \\ \hline = 934 \end{array}\right.$$

Enfin, vous direz : 2 fois 7 sont 14, j'écris 4 et retiens 1 ; 2 fois 6 sont 12, et 1 (que j'ai retenu) sont 13, j'écris 3 et retiens 1 ; 2 fois 4 sont 8, et 1 (que j'ai retenu) sont 9, j'écris 9 : le produit de 467 par 2 est 934 : mais le produit de 467 par 200 doit être cent fois plus grand; il sera donc 93400.

Maintenant, pour avoir le produit de 467 par 238, il faut ajouter ensemble les trois produits partiels de ce nombre, par 8, par 30, par 200; vous ferez donc l'addition de ces trois produits, et vous trouverez leur somme égale à 111146 : le produit de 467 par 238 sera donc égal à 111146.

$$(4)\left\{\begin{array}{r} 3736 \\ \times \quad 14010 \\ \times \quad 93400 \\ \hline = 111146 \end{array}\right.$$

Mais vous pouvez rendre encore plus simple l'exécution de celte opération, en multipliant d'abord 467 par 8, en écrivant le produit, puis en multipliant le même nombre par 3, et en écrivant immédiatement le produit au-dessous du premier, de manière que les unités du second répondent aux dizaines du premier; enfin, en multipliant encore le même nombre par 2, et en écrivant immédiatement le produit de manière que les unités de ce troisième produit répondent aux dizaines du second, et aux centaines du premier.

$$\left\{\begin{array}{r} 467 \\ \times \quad 238 \\ \hline 3736 \\ 14010 \\ 93400 \\ \hline = 111146 \end{array}\right.$$

Vous trouverez donc le produit d'un nombre par un autre, quel qu'il soit, en multipliant successivement par les nombres simples qui entrent dans le multiplicateur, commençant par les unités, et reculant à mesure chaque produit d'un rang, de manière que les unités de ce produit expriment des unités, des dizaines, des centaines, mille, etc., suivant que le chiffre du multiplicateur employé pour le former, exprime des unités, des dizaines, des centaines, des mille, etc. (a) A.

NEUVIÈME LEÇON

De même que vous avez eu besoin de connaître le résultat de l'addition répétée de nombres égaux, vous pouvez, connaissant un nombre, avoir besoin de savoir combien de fois il faudrait répéter un autre nombre plus petit pour former le premier; ou bien, quel serait le nombre qui, répété un nombre donné de fois, produirait le premier nombre.

Par exemple, ayant le nombre 2124, vous pouvez vouloir connaître combien de fois il faut répéter le nombre 6 pour former 2124; combien de fois le nombre 6 est contenu dans 2124; ou bien, connaître quel est le nombre qui, répété six fois, est égal à 2124, qui est contenu six fois dans 2124.

Vous auriez besoin de connaître le nombre de fois que 6 est contenu dans 2124 ; combien de fois il faut répéter 6 pour former 2124; si, par exemple, ayant 2124 choses à distribuer, et devant en donner 6 à chaque personne, vous vouliez savoir à quel nombre de personnes s'étendrait cette distribution, vous auriez besoin de savoir quel nombre est contenu 6 fois dans 2124; quel nombre répété 6 fois, est égal à 2124, si, ayant 2124 choses à partager également entre 6 personnes, vous vouliez savoir le nombre que vous devez en donnera chacune.

Si vous voulez savoir à combien de personnes vous pouvez distribuer 6 choses, quand vous en avez 2124, vous verrez d'abord qu'en retranchant 6 de 2124, puis retranchant encore 6 du reste, et ainsi de suite, vous pourrez donner 6 à autant de personnes que vous pourrez faire de fois cette soustraction.

Si vous cherchez à partager également ce même nombre de choses entre 6 personnes, vous trouverez qu'il faudrait employer 6 de ces choses pour en donner une à chaque personne; vous en pourrez donc donner autant à chaque personne, que vous pourrez de fois en distribuer 6 ; et, par conséquent, autant de fois que vous pourrez retrancher 6 de 2124 (A).

Vous pourriez exécuter immédiatement cette opération; mais il est aisé de voir combien, quelque simple que soit ici chaque soustraction en particulier, le grand nombre de fois qu'il faudrait la répéter rendrait longue et pénible l'opération entière (B).

Cherchons maintenant à l'abréger : pour cela, vous observerez que si, par exemple, vous retranchez 60 au lieu de 6, vous aurez retranché dix fois 6, et qu'ainsi vous pouvez retrancher 6 autant de dizaines de fois que vous pouvez retrancher 60.

De même, si vous retranchez 600, au lieu de 60, ou au lieu de 6, vous aurez retranché dix fois 60, ou, ce qui est la même chose, cent fois 6 : vous pourrez donc retrancher 60 autant de dizaines de fois, et 6 autant de centaines de fois, que vous pouvez retrancher de fois le nombre 600.

Comme vous ne pouvez pas retrancher 6000 de 2124 qui est le plus petit, vous commencez par en retrancher 600, autant de fois que cette opération est possible, cl vous aurez le nombre de centaines de fois que vous pouvez retrancher 6.

En effet, il ne peut rester ensuite qu'un nombre au-dessus de 600, dont 6 ne peut pas être retranché cent fois.

Le nombre de fois que l'on peut retrancher 600 est moindre que 10; car dix fois 600 sont 6000, et le nombre donné est plus petit que 6000.

Prenant ce reste moindre que 600, vous en retrancherez 60 autant de fois que celte opération est possible, et vous aurez le nombre dc dizaines de fois que l'on peut retrancher, et un reste moindre que 60 : le nombre de dizaines sera plus petit que 10, puisque le' nombre dont il faut retrancher 60 est, comme vous l'avez déjà observé, plus petit que 600.

Enfin, prenant ce dernier reste, vous en retrancherez le nombre 6, et vous aurez le nombre de fois que 6 peut en être retranché nombre plus petit que 10, puisque ce reste est moindre que 60.

Vous aurez donc d'abord les centaines de fois, puis les dizaines de fois, enfin les simples unités de fois, que 6 peut être retranché; par conséquent te nombre de fois que 6 peut être retranché de 2124.

Mais, si vous aviez à retrancher 600 de 2124, vous trouveriez, en faisant l'opération, qu'il vous reste autant d'unités et de dizaines que le premier nombre en contenait , puisque vous n'avez à retrancher ni unités, ni dizaines; vous trouverez donc que vous avez 6 centaines à retrancher de 21 centaines : 6 de 21, et vous verrez qu'il peut être retranché 3 fois ; que, par conséquent, 6 peut l'être 3 centaines de fois, et qu'il vous reste 3 centaines; mais il vous restait déjà 24 ; vous aurez donc un reste égal à 324. Vous chercherez ensuite combien de fois vous pouvez retrancher 60 de 324; et vous verrez d'abord qu'il vous reste les 4 unités (puisque vous n'en avez pas à retrancher), et vous aurez seulement 6 dizaines à retrancher de 32 dizaines, 6 de 32.

Cette opération peut se répéter cinq fois ; 6 peut donc être retranché cinq dizaines de fois; et il vous restera 2 dizaines, auxquelles vous ajouterez 4, que vous savez vous rester déjà.

Vous aurez donc 24, dont il faut retrancher 6 ; et vous trouverez qu'il peut être retranché 4 fois. Vous aurez donc trouvé que 6 peut être retranché dé 2124, 3 centaines de fois, 5 dizaines de fois et 4 fois, ou 354 fois (c).[1]

Lorsque vous pouvez retrancher un nombre d'un autre un certain nombre de fois, jusqu'à ce qu'il ne reste plus qu'un nombre plus petit, vous en concluez que ce premier nombre est contenu dans le second le même nombre de fois, avec un reste : ainsi, par exemple, 6 est contenu trois fois dans 21, et il reste 3 ; 6 est contenu cinq fois dans 32, et il reste 2; 6 est contenu quatre fois dans 24, et il ne reste rien.

Trouver combien un nombre peut être contenu de fois dans un autre, s'appelle diviser le second par le premier, parce que c'est diviser le second en autant de parties qu'il y a d'unités dans le premier.

Trouver combien de fois 6 est contenu dans 2124, c'est diviser 2124 par 6; c'est diviser 2124 en six parties égales, puisque le nombre répété six fois fera 2124. Le nombre que l'on divise s'appelle dividende; celui par lequel on je divise s'appelle diviseur; le nombre de fois que le diviseur est contenu dans le dividende s'appelle quotient. Ainsi, dans cet exemple, 2124 est le dividende, 6 le diviseur, 354 le quotient.

Comme les retranchements successifs, nécessaires pour savoir combien de fois un nombre est contenu dans un autre-entraîneraient encore des longueurs, il est bon de chercher un moyen plus simple de trouver combien de fois un nombre est contenu dans un autre. Vous observerez donc d'abord qu'il y est contenu au moins une fois, puisque le second nombre est nécessairement plus grand que le premier; et qu'il y est contenu neuf fois tout au plus i puisque, s'il y était contenu dix fois ou plus de dix fois, vous auriez pu retrancher au moins une fois de plus

1 Cette preuve de la division m'a paru devoir être substituée à la preuve ordinaire; j'en ai dit la raison dans le texte, parce qu'à cette époque de l'instruction les élèves doivent être assez exercés pour la sentir, et qu'il est important de ne' laisser voir dans l'enseignement que le moins possible de dénominations et de méthodes arbitraires. J'ai entendu un très grand philosophé reprocher à l'algèbre de vouloir le conduire à la vérité d'une manière despotique, sans lui dire pourquoi on lui faisait suivre telle ou telle route, et comment on était parvenu à savoir qu'elle le mènerait au résultat désiré; il avouait que ce défaut, non de la méthode en elle-même, mais des livres, lui inspirait une sorte de dégoût involontaire pour cette étude.

ce même nombre supposé dix fois plus grand : or, en suivant la marche de l'opération précédente, vous avez déjà épuisé cette soustraction.

Vous direz donc : en 21 combien de fois 6? je suppose qu'il y est quatre fois; quatre fois 6 sont 24 : or 24 est plus grand que 21, 24 > 21, il y est donc contenu moins de quatre fois ; 'je suppose donc qu'il y est trois fois; trois fois 6 sont 18, 18 est plus petit que 21, 18 < 21 ; il y est donc contenu moins de quatre fois et plus de trois : ii est donc contenu trois fois avec un reste.

En général, vous ferez ces essais jusqu'à ce que vous soyez parvenu à trouver deux nombres consécutifs tels, que le produit du plus petit parle diviseur soit plus petit que le dividende, et le produit du plus grand par le diviseur plus grand que le dividende. Si le produit du diviseur par 9 est plus petit que le dividende, il est clair que le diviseur y sera contenu neuf fois, puisque l'on sait d'avance que le produit du même diviseur par 10 est plus grand que le dividende. En effet, alors le plus petit nombre sera le quotient, puisque le diviseur sera contenu ce nombre de fois dans le dividende avec un reste moindre que le diviseur.

Supposons maintenant que vous ayez 25348 à diviser par 7; vous observerez d'abord que le quotient ne peut contenir des dizaines de mille, puisque sept fois 10000 sont 70000 > 25348, mais qu'il peut contenir des mille, puisque sept fois 1000 sont 7000 < 25348. Vous direz donc: en28 (mille) combien de fois 7? il y est trois fois ; trois fois 7 sont 21, ôtez 21 de 28, reste 4 (mille), vous écrirez donc 3 (mille) au quotient. Pour avoir ensuite le nombre de centaines de fois que 7 peut être contenu dans le nombre qui vous reste, vous observerez qu'outre le reste4 (mille), vous avez trois centaines que contenait le dividende ; vous direz donc: en 43 (centaines) combien de fois 7? il y est six fois (six centaines de fois); six fois 7 sont 42, reste une (centaine). Pour trouver le nombre de dizaines de fois que 7 peut être contenu dans ce qui vous reste, vous observerez qu'il reste d'abord une (centaine) et quatre dizaines quo contenait le dividende; vous aurez donc quatorze dizaines et vous direz : en 14 (dizaines) combien de fois 7? Deux fois (deux dizaines de fois) ; deux fois 7 sont 14 ; ôtez 14 de 14, reste 0. Pour trouver le nombre d'unités de fois quo 7 peut être contenu dans le nombre qui reste, vous observerez enfin qu'il ne vous reste que les 8 unités du dividende, et vous direz : en 8 combien de fois 7 ? deux fois; reste 1. Vous saurez donc qu2 dans 25348, 7 est contenu trois mille fois, six centaines de fois, doux dizaines de fois et une fois, et qu'il reste 1;

ou 3621 fois, reste 1; le quotient de 28348 par 7 sera donc 3621 avec le reste 1.

```
      28348 |
          7 |  3621, resto 1.
(B)  -------------------------
      43
       14
         8
```

Soit encore 1634 à diviser par 8; vous observerez que le quotient no peut contenir que des centaines ; et vous direz : en 16 (centaines) combien de fois 8? Deux (centaines de fois); deux fois 8 sont 16; j'ôte 16 de 16, reste 0. Vous aurez ensuite 3 (dizaines) seulement, et vous direz : en 3 (dizaines), combien de (dizaines) de fois 8? il n'y est pas même une (dizaine de fois). Vous verrez donc que le quotient ne peut pas contenir de dizaines; et vous direz ensuite : n'ayant plus que 34 unités: en 34 combien de fois 8? quatre fois ; quatre fois 8 sont 32 ; j'ôte 32 de 34, reste 2: 8 sera donc contenu, dans 1634, deux centaines de fois, aucune dizaine de fois j quatre fois, ou 204, il restera 2; le quotient de la division de 1634 par 8 sera donc 204, reste 2.

```
1034 |
   8 |  204, resto 2.
-----|---------------
  34 |
```

DIXIÈME LEÇON

Supposons maintenant que le diviseur ait plusieurs chiffres; vous pourrez encore employer la même méthode.

Par exemple, si vous avez 27237 à diviser par 123, vous chercherez d'abord quelle est la dénomination numérique la plus élevée que le quotient puisse contenir et vous trouverez qu'il ne peut contenir de mille, puisque 1000 fois 123 sont 123000 > 27237 ; mais qu'il peut contenir des centaines, puisque 100 fois 123 sont 12300 < 27237. Vous observerez ensuite que les dizaines et les unités du dividende n'influent pas sur le nombre de centaines de fois que le diviseur peut y être contenu, et qu'en général tout nombre d'une dénomination inférieure à celle du nombre qui doit entrer dans le quotient, ne peut influer sur ce nombre, puisque l' augmentation d'une unité dans ce nombre exigerait au moins, dans le dividende, celle de l'unité d'un nombre de la même dénomination.

De même que dans la neuvième leçon, pour savoir combien de fois le nombre 123 est contenu dans les dividendes partiels quo vous formerez vous observerez qu'il ne peut être au-dessus de 9; vous chercherez donc, depuis 1 jusqu'à 9, doux nombres consécutifs tels, que le produit du diviseur par le plus petit soit plus petit, et le produit du diviseur par le plus grand, plus grand quo te dividende. Si le produit du diviseur par 9 est plus petit que le dividende, on aura de même 9 au quotient.

Vous direz donc : en 272 (centaines) combien de fois 123? deux (centaines) de fois; 2 fois 123 sont 246; j'ôte 246 de 272, reste 26 (dizaines), et 3 (dizaines) qui sont dans le dividende, sont 203; on 263 (dizaines) combien de fois 123? deux (dizaines) fois; 2 fois 123 sont 240; j'ôte 246 de 263, restel7 (dizaines), qui, avec les 7 unités du-dividende, sont 177. En 177 combien de fois 123? Une fois; j'ôte 123 de 177, reste 54. Le quotient sera donc composé de deux centaines, de deux dizaines et d'une unité; il sera 221, avec le reste 54.

27237	
123	221
263	
177	
Resto 54	(A)

On sent que, lorsque le diviseur est un grand nombre, la nécessité d'essayer les nombres 2 jusqu'à 9, pour savoir combien de fois il est contenu dans un des dividendes partiels, entraine encore des longueurs qu'il serait utile d'abréger.

Vous y parviendrez par le moyen suivant : supposons que vous ayez 727 à diviser par 122; vous observerez quo 700 < 727 et 200 > 422, et qu'ainsi 200 étant contenu trois fois dans 700,122 est contenu au moins trois fois dans 727; vous observerez ensuite que 800 > 727 et 100 < 122, et qu'ainsi 100 n'étant contenu que 8 fois exactement dans 800,122 ne peut être contenu plus de 7 fois dans 727; vous n'aurez donc à essayer que les nombres depuis 3 jusqu'à 7.

De même, si vous avez 2134 à diviser .par 326, vous observerez que 2200 > 2134, 300 < 326, et vous en conclurez que 800 ne pouvant être contenu plus de sept fois dans 2200, 326 ne pourra être contenu quo sept fois, tout au plus, dans 2134. Vous observerez ensuite quo 2100 < 2134, et 400 > 326 ; puisque 400 est contenu cinq fois dans 2100,326 sera contenu au moins cinq fois dans 2134.

Si vous aviez eu 2034, au lieu de 2134, à diviser par 326, vous auriez observé que 2100 > 2034 no contenant que sept fois exactement : 300 < 326, 326 ne peut être contenu que six fois tout au plus dans 2034. Trouvant ensuite quo 400 > 326 est contenu cinq fois dans 2000 < 2034, vous en conclurez que 326 est contenu au moins cinq fois dans 2034 ; vous n'aurez donc à essayer ici qu'un seul nombre, le nombre 6 (a).

Car, si le produit est plus grand que 2034, 326 y sera contenu cinq fois, et six fois si le produit se trouve plus petit.

ONZIÈME LEÇON

Quand vous avez cherché, dans un dos exemples de la neuvième leçon, à partager également 1634 choses entre 8 personnes, vous avez trouvé que chacune d'elles pouvait en avoir 204, et qu'il en restait 2.

Supposez quo ces choses soient du nombre de colles qui peuvent se diviser en plusieurs parties, et que vous ayez divisé une d'elles en 8, vous pourrez donner une de ces parties à chacune de ces personnes, et divisant l'autre chose de mémo, vous pourrez encore donner à chaque personne une autre de ces parties; elles auraient eu chacune deux de ces parties, dont 8 forment une chose entière, ou deux huitièmes de la chose. Vous devez donc donner à chacun 204, et deux huitièmes, qui s'écrivent ainsi : 2/8 ; vous devez donner 204 +2/8.

Si l'on suppose une chose divisée en un certain nombre de parties égales, de manière que la somme de toutes ces parties soit la chose même, on exprime une de ces parties en ajoutant ième au nom du nombre des parties dans lesquelles la chose est supposée être divisée.

Si elle est supposée divisée en 100 parties, chaque partie s'appelle un centième; si elle l'est en 238 parties, chaque partie s'appelle un deux-cent-trente- huitièmes.

Ainsi ces expressions, deux huitièmes 2/8, indiquent qu'une chose a été divisée en huit parties, et quo l'on prend deux de ces parties.

Par la même raison, dix huitièmes, 10/8 indiquent que l'unité a été divisée en huit parties, et que l'on prend dix de ces parties; mais huit forme une chose entière; eu prendre 10 parties, c'est donc prendre une chose et doux huitièmes, 1 + 2/8

Quand vous aurez à partager 1634 choses entre huit personnes, vous pourrez diviser chaque chose en huit parties, et donner à chacune 1634 de ces parties; mais 1634 de ces parties sont la même chose que 204 et 2/8, que 204 choses entières et deux de ces huitièmes. Ainsi, 1634/8 = 204 + 2/8.

Ainsi, vous voyez qu'en supposant que cette division réelle des choses quo vous avez à partager n'ait aucun inconvénient, vous avez encore un grand avantage à pouvoir en donner 204, et à n'en diviser que 2, et par conséquent à trouver le résultat de la division indiquée par 1634/8.

Vous pouvez observe enfin que 2/8, deux parties d'une chose divisée en huit, est la même chose que la quatrième partie, que 1/4 de cette chose.

Si, au lieu de vouloir partager 1634 choses entre huit personnes, vous vouliez savoir à combien de personnes vous pouvez donner huit de ces choses, vous trouveriez encore 204, et le reste 2; vous pourriez donc donner 8 à 204 personnes; vous aurez 204 parts, chacune de 8 choses, et il vous restera une part de deux choses; mais cette part de deux choses est égale à 2/8 d'une part de huit choses : vous aurez donc 204 parts et 2 huitièmes de part; 204 + 2/8 parts; le quotient sera 204 + 2/8.

Si vous aviez eu 164 à diviser par 9, vous auriez trouvé 18, et un reste égal à 2 : si donc vous aviez 164 choses à partager entre 9 personnes, chacune en aurait 18; et, divisant les doux restantes en 9 parties, chaque personne aurait encore deux de ces parties le quotient serait 18 + 2/9. Si vous vouliez distribuer ces 164 choses en parts de 9 chacune, vous auriez 18 parts, et il vous resterait une part de deux choses seulement, une part qui serait les 2/9 des autres ; le quotient serait donc 18 + 2/9.

Vous voyez par là qu'il ne suffit pas, après avoir fait une division, d'indiquer simplement le reste, en disant, par exemple, si je divise 164 par 8, j'ai 204, reste 2; si je devise 164 par 9, j'ai 18, reste 2; mais qu'il faut dire, reste 2/8, reste 2/9, parce que, quoiqu'il reste également deux choses dans les deux cas, ce sont, dans un exemple, deux choses à partager entre huit; et dans l'autre, deux choses à partager entre neuf : dans l'un, une part qui est les deux huitièmes des autres parts; dans l'autre, une part qui en est les deux neuvièmes.

Les expressions 2/8, 2/9, s'appellent des fractions; on appelle les nombres que vous avez considérés jusqu'ici nombres entiers, quand il est nécessaire de les distinguer des expressions numériques, 2/8, 204 + 2/8 par exemple, qui sont ou renferment dos fractions.

Le nombre de parties que désigne une fraction s'appelle le numérateur de la fraction; le nombre des parties dans lesquelles la chose est divisée, s'appelle le dénominateur (A).

DOUZIÈME LEÇON

Vous avez vu, dans la sixième leçon, qu'il est utile d'avoir un moyen de vérifier une opération arithmétique, après l'avoir faite; vous savez comment on peut vérifier une soustraction ou une addition; cher cherchons maintenant comment on peut vérifier une division et une multiplication.

Supposons qu'ayant divisé 1272 par 24, vous ayez trouvé pour quotient 53; il est clair que, si 24 est contenu exactement 53 fois dans 1272, 53 fois 24 sont la même chose quo 1272; et quo, par conséquent, le produit de 24 par 53 sera 1272.

Ainsi, dans les divisions où il n'y a pas de reste, le produit du diviseur par le quotient, ou, ce qui est la même chose, le produit du quotient par le diviseur, sera égal au dividende, si les deux opérations sont exactes.

Si maintenant vous avez un reste, comme vous aviez divisé 1253 par 24, et trouvé pour quotient 49 avec le reste 3, il est clair également que 1 49 fois 25 doit être égal à 1253 moins 3; que le produit de 25 par 49 doit être égal à 1253 moins 3, et qu'en général le produit du quotient en nombres entiers par le diviseur plus le reste, aussi en nombres entiers, la somme de ce produit et du reste est égale au dividende, se trouve égale, si les opérations sont bien faites.

En général, le dividende est égal au produit du diviseur par le quotient, tant entier que fractionnaire : 1253 est égal au produit de 25 par 49 + 3/25, puisque 25 fois 3 parties d'une chose qu'on suppose divisée en 25, est la même chose que 3 fois 25 de ces parties, et par conséquent que trois fois la chose entière : de même que les 3/25 de 25.choses sont trois fois le vingt-cinquième de 25 choses, bu trois fois une chose entière.

Si vous avez multiplié 54 par 25, et trouvé le produit 1350, il est clair que 54 doit être contenu 25 fois dans 1350, si le produit est juste. Vous pourrez donc vérifier l'exactitude de l'opération, en divisant 1350 par 25 : et, en général, si les opérations sont justes, vous trouverez que le quotient du produit divisé par le multiplicateur est égal au multiplicande.

Mais lorsque le multiplicateur est un grand nombre, cette opération est trop compliquée; il serait bon d'en substituer de plus simples : or pour multiplier 54 par 25, par exemple, vous l'avez d'abord multiplié par 8 unités, et vous avez eu le produit 270 ; puis par 2 (dizaines), et vous avez eu le produit 108 (dizaines) : ainsi 5 doit être contenu 54 fois dans 270, et 2 l'être 54 fois dans 108, si l'opération est juste. Vous pourrez donc vérifier la multiplication en divisant successivement par les chiffres correspondants du multiplicateur les produits partiels qui forment le produit total; et les quotients doivent être alors tous égaux au multiplicande.

II resterait seulement alors à vérifier si l'addition faite de ces divers produits est juste.

Celte preuve de la multiplication renferme un plus grand nombre d'opérations, mais elles sont plus simples; et de plus, elle a un avantage, celui de montrer immédiatement dans quelle partie de la multiplication se trouve l'erreur (b) (A).

ÉLÉMENTS D'ARITHMÉTIQUE ET DE GÉOMÉTRIE.

OBSERVATIONS

Relatives à I' enseignement L'arithmétique & de la Géométrie.

On rappelle ici ce qu'on a inséré dans l'avis placé en tête de l'ouvrage, que ces Observations peuvent se diviser en deux classes: les premières, indiquées par des lettres capitales, ont pour objet l'enseignement de l'Arithmétique ou de la Géométrie; les autres, désignées par des lettres non capitales, renferment les notions élémentaires de logique qui doivent accompagner ces enseignements.

PREMIÈRE LEÇON

(A) Une leçon contient ce qu'il a paru possible d'exposer dans une seule séance, et utile de ne pas séparer. Mais, après cette première exposition, les développements de cette même leçon, et les opérations sur lesquelles il est bon d'exercer les élèves afin de les leur rendre plus familières, peuvent occuper plusieurs séances.

(a) L'instituteur aura soin d'expliquer ici aux élèves comment l'idée de nombre, née de la perception simultanée de plusieurs choses semblables, s'étend à des choses non semblables.

Il leur dira qu'alors on supposé à ces choses différentes une qualité semblable. On les considère seulement par rapport à cette qualité.

Ainsi on a dit : une pomme et une pomme sont deux pommes; ensuite, une pomme et une poire sont deux fruits ; puis encore, une pomme et une poire sont un corps et un corps, sont deux corps.

Enfin, on a fini par ne pas même considérer ces qualités semblables; on a dit, une chose et une chose sont deux choses; un et un sont deux, en considérant ces deux choses comme ayant une qualité semblable quelconque, par rapport à laquelle on pouvait les considérer comme les mêmes.

Lorsque vous considérez une qualité commune à plusieurs objets, sans faire attention à celles qui les distinguent, et, séparant l'idée de cette qualité commune, de celles des autres qualités, on dit que l'idée de cette qualité est une idée abstraite, parce qu'on la sépare ou l'abstrait des autres qualités avec lesquelles elle se trouve dans les divers objets. On l'appelle aussi idée générale, parce qu'elle est celle d'une qualité ou de plusieurs qualités qui sont communes à des objets d'ailleurs différents.

Plusieurs objets qui ont une ou plusieurs qualités communes, forment un genre d'objets.

Je ne crois pas nécessaire d'analyser en détail, pour les élèves, les idées exprimées par les mots perception, attention, idée, objet, qualité ; il suffit de leur en faire comprendre le sens par des exemples.

(b) Il est bon de faire observer ici aux élèves les divers usages des mots : premièrement, on s'en sert pour déterminer l'attention d'un autre sur l'idée que ce mot exprime : ce qui exige que le même mot réponde à la même idée pour tous l'es individus , et dans toutes les occasions où il est employé; il en résulte que le sens des mots doit être fixe, et déterminé de manière à pouvoir être uniformément saisi par les divers individus.

On les emploie, aussi pour rappeler m propre attention sur des idées qui soient constamment les mêmes.

Enfin on les emploie pour être à portée de se rappeler à volonté certaines idées qu'il est utile d'avoir et de conserver.

Ainsi, par exemple, on se sert du mot *neuf*, pour faire entendre à un autre, que dans un tel lieu il existe ce nombre de tels ou tels objets. On s'en sert pour se rappeler à soi-même le nombre de ces objets, sans avoir besoin de se souvenir des opérations que l'on a faites pour les compter.

On a établi ces noms, parce qu'on a senti qu'on avait besoin de pouvoir se rappeler à volonté les idées des divers nombres, et qu'elles étaient de la classe de celles sur lesquelles il est utile que l'esprit puisse s'exercer.

(c) L'instituteur fera observer que quand on dit un et un sont deux; un et un, et puis encore un, sont trois ; un et deux sont fois; cela signifie que l'expression un et un, et l'expression deux; l'expression un et un, et puis encore un, et l'expression trois; l'expression un et deux, et l'expression trois, désignent une même idée, si l'on a égard au nombre seulement; mais il n'en est pas moins vrai que un et un expriment une chose et une autre chose, et que deux expriment ces deux mêmes choses considérées ensemble, et comme réunies.

De même, les expressions un et un et puis un, un et deux, trois, désignent un même nombre; mois la première expression présente les trois unités comme distinctes; la seconde en présente une distraite des deux autres, et celle-ci, comme réunies ; In troisième les présente comme réunies.

Les mots un, et un, et un, vous présentent immédiatement trois unités distinctes; les mots un et deux, une unité.et une collection de deux unités; le mot trois, une collection de trois unités.

Ainsi la proposition un et deux sont trois, n'exprime pas seulement que j'appelle trois, un ajouté à deux; mais elle signifie aussi qu'en ajoutant un à deux, j'ai le même nombre qu'en ajoutant d'abord un à un, et ensuite encore un.

Cette observation a échappé à des métaphysiciens célèbres.

On fera remarquer dans plusieurs propositions de cette espèce (car il faut multiplier les exemples), les deux idées qui les forment, et les mots est, sont, qui expriment qu'il existe une identité partielle entre ces deux idées.

Celle pour qui l'on reconnaît cette identité, s'appelle le sujet; celle en qui se trouve cette identité partielle avec la première, s'appelle attribut.

Dans la proposition deux est un nombre, vous reconnaissez une identité partielle entre l'idée de deux, collection de deux unités, et l'idée de nombre, collection d'unités on général.

Lorsque les enfants seront un peu exercés à dire quatre et trois font sept. Cinq et quatre font neuf, été, on leur fera observer qu'ils adhèrent à ces propositions, quoique au moment où ils les prononcent, ils ne se rappellent pas distinctement comment ils ont appris à former le nombre sept, en ajoutant successivement à quatre, un, puis un, et ensuite une unité.

On leur fera observer en même temps qu'ils se rappellent distinctement que, lorsqu'ils ont fait ces opérations ils ont vu clairement que quatre et trois sont sept. Ils le croient donc avec confiance, parce qu'ils se souviennent d'être parvenus à percevoir l'identité partielle de ces deux idées, l'égalité entre ces deux nombres.

De là, ils apprendront que le souvenir distinct d'avoir eu la perception de l'identité des deux idées qui, forment une proposition, c'est-à-dire de l'évidence de cette proposition, est le seul motif qu'ils ont d'y croire, quand ils n'aperçoivent plus immédiatement cette évidence; et que le souvenir seul d'avoir toujours répété ou écrit cette proposition, sans celui d'en avoir senti l'évidence, ne serait pas un motif de croire.

On sent que ces analyses peuvent, s'appliquer également aux propositions qui se rencontrent dans les leçons suivantes. Il sera donc inutile d'y insister, jusqu'à ce que les élèves les aient parfaitement comprises et retenues; mais il faut réserver de les reproduire de nouveau, en les appliquant à d'autres exemptes.

Il ne faut pas s'effrayer de la difficulté d'arrêter sur ces analyses l'attention d'enfants encore très jeunes; ils n'en seront pas rebutés, pourvu que, suivant la marche naturelle de l'esprit humain, on ne leur montre les propositions, les observations générales, qu'après leur avoir présenté plusieurs exemples, sur lesquels ils aient répété les mêmes opérations ; alors ils verront d'eux-mêmes ce qu'il y a de commun entre ces exemples, et par conséquent ils auront les idées générales qu'on veut leur donner.

On fera suivre et observer aux élèves les diverses opérations par lesquelles ils parviennent à un résultat.

On leur fera remarquer comment, sachant que huit est la même chose que cinq, auquel on ajoute uni un, et un; et sachant aussi qu'ajouter un et un et un, est la même chose qu'ajouter trois, ils apercevront que huit est la même chose que cinq, auquel on ajouterait trois.

On leur fera observer qu'ils ne peuvent apercevoir l'identité exprimée dans les deux premiers, sans avoir la conviction de l'identité exprimée par la troisième, ce qu'on exprime, en disant que la troisième proposition résulte des deux autres. De même, quand ils disent, huit et un et un sont dix, donc huit et deux sont dix, ils n'ont pu apercevoir l'identité exprimée par la première proposition, sans apercevoir celle qu'exprime la seconde,

Mais il faut pour cela qu'ils se souviennent qu'un et un sont deux.

Dans le premier exemple, il est impossible de ne pas apercevoir l'identité exprimée par la troisième proposition, si on aperçoit l'identité exprimée par les deux autres; dans le deuxième exemple, il serait possible d'apercevoir l'identité exprimée par la première, et de ne pas apercevoir celle de la seconde : cela aurait lieu, si on ne se rappelait pas qu'un et un sont la même chose que deux; qu'ajouter un et un et ajouter deux, sont la même chose : si l'on n'énonce pas cette dernière proposition, c'est qu'on suppose qu'elle se présente d'elle-même.

Apercevoir cette dépendance d'une proposition de deux autres, ou d'une seule, s'appelle conclure. Le mot donc exprime que l'on conclut une proposition d'une ou de deux énoncées précédemment.

On appelle raisonnement, l'opération par laquelle on adhère à une proposition, en apercevant qu'elle résulte d'autres propositions adoptées déjà. Un raisonnement est l'ensemble de ces propositions et de leur résultat; ce résultat s'appelle la conclusion, parce qu'il est conclu des autres propositions.

Les deux propositions dont on le conclut s'appellent prémisses, parce qu'elles sont considérées adoptées antérieurement.

Il faut ensuite, sur ces premières notions, les rendre familières par des exemples, avant de s'étendre plus loin.

Il faut aussi, lorsqu'il se présente des conclusions dé duites d'une seule proposition, exercer les élèves à suppléer la proposition qui est alors sous-entendue.

Nous avons déjà exposé analytiquement:

1°. La formation des idées abstraites.

2°. La nature des propositions certaines, qui consistent dans la perception d'une identité partielle entre deux idées;

3°.La nature dc l'adhésion aux propositions, lorsqu'on se souvient seulement d'avoir ou cette perception de l'identité;

4°. La nature des propositions où cette identité résulte de celle qui a été aperçue dans d'autres propositions.

On a donc déjà des notions sur les trois opérations intellectuelles dont notre esprit est capable : la formation des idées, le jugement, le raisonnement.

On connaît de plus deux espèces d'adhésions à un jugement ; la première, fondée sur la perception immédiate ou médiate de l'identité partielle entre les idées ; l'autre, sur le souvenir d'avoir eu cette perception.

Il est possible que, même dans un raisonnement simple, cette dernière adhésion ait lieu pour tes prémisses; mais cette dernière analyse est trop subtile pour qu'il soit bon de s'en occuper dans une instruction commune.

(B) L'instituteur exercera les élèves à former et reconnaître les chiffres et les signes + et = de même qu'à former les nombres jusqu'à dix par des additions. Deux et trois sent.... cinq ; quatre et trois sont... sept: si, en exerçant, ils se proposent d'ajouter des nombres dont la somme soit plus de dix, il faut alors leur prouver qu'elle surpasse dix, et ajouter que, dans la leçon suivante, ils apprendront à nommer et à écrire en chiffres les nombres au-dessus de dix.

S'ils se demandent, par exempte, la somme de huit et sept, on leur dira : huit et un sont neuf, et un sont dix; et ils verront sur-le-champ que la somme est plus grande que dix.

On pourra aussi leur faire observer alors qu'ils ont déjà ajouté un et un ou deux; que sept est la même chose que deux et cinq; qu'il leur (reste donc encore cinq à ajouter; que la somme est donc la même chose que dix, auquel on ajouterait cinq.

Il est vraisemblable que l'un d'en tic eux y donnerait le nom de dix et cinq, ou bien l'on pourrait le suggérer, et ce serait une préparation à la seconde leçon.

(d) On fera remarquer aux élèves la commodité des chiffres, 1, 2,..., 9, qui tiennent moins de place, et s'écrivent plus vite que les mots un, deux,..., neuf.

On fera la même observation sur les signes +, = ; on ajoutera que, par exemple, 3 + 6 = 9, est non-seulement écrit plus vite que trois, plus six est égal à neuf, mais s'aperçoit aussi plus vite et d'un seul coup d'œil.

Enfin, on fera observer que ces chiffres, ces signes, comme les mots un, deux,..., neuf, sont arbitraires; qu'on aurait pu choisir d'autres figures de chiffres, d'autres signes, d'autres mots; quo ces mots ayant été une fois convenus entre un certain nombre d'hommes, ceux qui sont venus se joindre à eux, ont adopté cette môme convention dont on les a instruits, comme on vient d'en instruire les élèves, parce qu'il leur était commode d'entendre et d'retro entendus; quo ces mots varient dans les différentes langues, et que, si les chiffres varient moins, c'est qu'on a senti l'avantage de les rendre communs, malgré la différence des langues, avantage qui s'est établi et conservé facilement, vît le petit nombre de signes.

SECONDE LEÇON

(a) On fera remarquer que les mots duante, trente, quarante, etc., dérivent des noms deux, trois, quatre, etc., noms qu'exprime le nombre de dizaines exprimé par ces nouveaux noms. Cette observation rendra la signification de ces noms plus facile à retenir.

De même, million exprimant mille mille dullion, mille millions; trillion, mille dullions, etc., on voit que ces noms dérivent encore des noms deux, trois, quatre, qui expriment alors le nombre de fois que l'on a eu recours à ces dénominations, pour exprimer des nombres de mille en mille fois plus grands.

De là, on sera conduit à voir que, si la terminaison en lion ou ante a été choisie arbitrairement, il y a des motifs d'utilité pour établir ce rapport entre cette suite de noms et celle des unités.

On verra comment dans les langues il est commode d'employer des mots déterminés en partie par certains rapports, au lion des mots purement arbitraires qu'on retient moins bien, et don rien n'aide à se rappeler la signification.

On expliquera aussi l'usage des <points intermédiaires dont cette leçon présente deux exemples; et, pour le faire mieux sentir, on remplira ces espaces en écrivant sur-le-champ ce qui est sous-entendu; on exercera les élèves à le remplir eux-mêmes; on leur fera voir qu'il serait plus long et souvent moins clair de tout exprimer, puisque, si on exprimait tout, on serait encore obligé d'avertir qu'il ne manque aucun intermédiaire.

En effet, celui qui lit aurait pu ou négliger de l'observer, ou ne pas se souvenir à la fin de la suite entière de ces noms.

Enfin, en faisant prononcer les noms des nombres assez grands, on ne négligera pas d'arrêter l'attention sur l'arrangement symétrique que présente ce système de numération; de manière qui, prononçant toujours un certain nombre de centaines, de dizaines et d'unités, les noms de mille, millions, dullions,..., prononcés après ce nombre, indiquent immédiatement si ceux qui les précèdent désignent des centaines, dizaines et unités, de mille, de millions, ou de dullions, etc.

TROISIÈME LEÇON

(A) On fera remarquer la correspondance de la numération parlée et de la numération écrite, en montrant que trois chiffra répondent à chaque dénomination, unité, mille, million, ce qui répond toujours à une dénomination de centaines au premier de ces trois chiffres, a une de dizaines au second, a une d'unités au troisième. On exercera les élèves sur les deux espèces de numérations : on multipliera les observations comme celle que je viens de faire. Enfin on leur rendra ces doux numérations le plus familières qu'il sera possible, sans cependant s'y arrêter trop longtemps, parce que les leçons suivantes fourniront des occasions d'achever l'instruction de ceux qui seraient restés en arrière sans risquer ni de trop fatiguer ceux-ci, ni de dégoûter les autres.

C'est ici le moment d'expliquer aux élèves les mots premier ou unième deuxième, ou second ; dixième, dix-unième, dix deuxième, duantième, etc.; ainsi que les expressions primo, secundo, tertio, et premièrement t secondement, avec la manière d'écrire ces mots en chiffres, et de désigner leur terminaison et leur sens par une lettre placée en avant et au-dessus.

On pourra leur en faire écrire et dresser des tables pour eux-mêmes. Mais il est bon d'éviter autant qu'il est possible les tables imprimées dans les premiers éléments : plus elles sont commodes, plus elles rendent l'esprit paresseux ; et dans une instruction qu'on est obligé d'arrêter au premier pas, il est bon au contraire de l'exercer le plus qu'il est possible.

(a) Il est inutile de remarquer ici, que les dénominations des nombres, comme les chiffres, suivent une marche commune d'un nombre a un nombre dix fois plus grand, une progression décuple; on expliquera le mot progression, qui vient de marche ; le mot décuple, qui signifie dix fois plus grand.

Cette progression décuple se trouve dans les systèmes de numération de tous les pays; uniformité qui parait venir de ce que nous avons dix doigts, avec lesquels il était facile de montrer tous les nombres jusqu'à dix; mais au-delà il devenait nécessaire de recourir à d'autres moyens.

Mais il faut ajouter que l'on aurait pu choisir une autre progression: l'instituteur pourrait même en donner des exemples, s'il se trouve en état de le faire; et montrer, par exemple, comment, en appelant dix-un, onze, et dix deux, douze, on aurait dit douze-un, au lieu de dix-trois; douze-deux, au lieu de dix quatre ; et de douze-onze, au lieu de duante-trois, etc.

TROISIÈME LEÇON

QUATRIÈME LEÇON

(A) Il faut ici faire sentir aux élèves, par des exemples, qu'ils peuvent avoir ou désir ou besoin d'ajouter un nombre à un autre ; qu'il peut leur être utile ou agréable de savoir-faire cotte opération.

C'est à l'instituteur à choisir ces exemples, parce qu'il faut les choisir de manière que les élèves sentent réellement cette utilité, ou ce plaisir, et ne le regardent pas comme une simple hypothèse.

C'est donc d'après les circonstances particulières où se trouvent les élèves, que ces exemples doivent être déterminés.

Ceux que Ton répète depuis longtemps dans les livres élémentaires ont presque toujours l'inconvénient ou de dégoûter les enfants, ou de leur paraître ridicules.

(B) L'instituteur aura soin, 1° de faire observer combien est commode la méthode de placer, les uns sous les autres dans une même colonne, les chiffres qui répondent aux mêmes dénominations du système de numération.

2°. De faire exécuter sur plusieurs exemples l'opération qui a été faite ici sur les nombres 18 et 25.

3°. D'exercer sur plusieurs additions de deux nombres, en ayant soin de choisir des exemples où l'on ait tantôt à retenir, tantôt à no rien retenir; où l'on ait 0 à écrire ou 0 à ajouter, au lieu d'un nombre, afin d'accoutumer les élèves à n'être point embarrassés de ces difficultés (très-petites sans doute), mais très-réelles pour ceux des commençants qui, n'ayant encore aucun usage du calcul, ont d'ailleurs peu de sagacité naturelle. Mais il est essentiel alors de les mettre à portée de les résoudre par eux-mêmes, afin qu'ils ne prennent pas l'habitude de répéter les mots, j'écris, je retiens, sans réflexion, et par une mémoire en quelque sorte machinale.

(a) Il se présente deux observations essentielles.

1°. Celle du raisonnement par lequel, voyant que deux nombres renferment 6 unités, qu'ils renferment 6 dizaines, qu'ils renferment 9 centaines, qu'ils renferment 5 mille, on conclut que leur somme est 5966. On voit ici que la conclusion est déduite de ces quatre propositions, et que l'on ne peut apercevoir la vérité de ces propositions sans admettre celle de la conclusion. La conclusion résulte donc ici de plus de deux propositions : une conclusion en général peut résulter de plusieurs propositions.

2°. Celle de l'opération par laquelle sachant que, si l'on ajoute ensemble séparément les unités, les dizaines que deux nombres renferment, on obtient la somme des deux nombres, on parvient à la proposition générale ; que la même chose a lieu pour les centaines, les mille, les dizaines de mille, etc., pour toutes les dénominations de nombres, quoiqu'on n'ait pas aperçu immédiatement l'identité de toutes les propositions que renferme la proposition générale. On fera voir qu'alors on aperçoit clairement que cette proposition ne peut être vraie pour deux dénominations sans l'être pour toutes : on montrera que telle est la manière dont nous apercevons l'identité dans les propositions générales, quand nous y sommes conduits par la considération de propositions moins générales.

On fera remarquer la différence de cette marche, et de celle où l'esprit commence par se former les idées générales qui entrent dans la proposition, et en aperçoit ensuite immédiatement l'identité.

Ainsi la vérité de cette proposition générale, la somme de deux nombres est égale à celle des sommes particulières formées par l'addition de nombres de dénominations semblables qui composent chacun d'eux, peut être aperçue, soit en considérant immédiatement cette proposition générale, soit en considérant les propositions particulières qui y répondent, pour les nombres qui n'en renferment que de deux, de trois dénominations, et en observant que celles-ci ne peuvent être vraies, sans que la même chose ait lieu pour un nombre quelconque de dénominations.

Je me permettrai ici une observation pour l'instituteur seul. Si, prenant le raisonnement n°1, on y ajoute la proposition générale qui vient d'être énoncée, et qu'on l'y emploie comme une mineure, on aura un véritable syllogisme; mais il est clair que, dans ce cas, celte mineure n'est autre chose que l'expression de la liaison nécessaire que j'aperçois entre les deux propositions. Elle ne sert donc que pour <donner une forme régulière et technique au raisonnement.

De même, si l'on réduisait les propositions qui sont séparées dans le même numéro, pour n'en faire qu'une seule, afin de donner la forme syllogistique à ce raisonnement; ou bien, si, en les conservant séparées, on les combinait avec des propositions intermédiaires pour en faire une suite de syllogismes, il en résulterait encore qu'en peut réduire tous les raisonnements à des syllogismes, mais non que nous suivions naturellement cette forme dans tous les raisonnements.

Or je crois que cette conversion de tous les raisonnements en syllogismes, quoique très-utile à ceux qui veulent approfondir l'art du raisonnement, fatiguerait en pure perte les élèves dans une éducation commune.

3°, Lorsque l'on' considère séparément dans les nombres 2345 et 3621, les unités, les dizaines, tes centaines, les mille qui se trouvent dans chacun d'eux, pour former les sommes partielles des unités, des dizaines, des centaines, des mille, qui donnent ensuite la somme totale, cette opération, qui consiste à décomposer ces nombres, à considérer séparément leurs parties correspondantes, s'appelle; analyse.

Quand on n'aperçoit pas immédiatement l'identité entre deux idées, on les décompose en parties analogues entre elles; on compare ces parties pour en saisir l'identité et parvenir, par ce moyen, à saisir celle des idées elles-mêmes. Le moyen par lequel on est conduit à la vérité d'une proposition qu'on n'apercevait pas immédiatement, s'appelle méthode analytique.

Il est bon de faire sentir aux élèves en quoi consiste cette méthode qu'ils doivent retrouver dans toutes Ies parties de l'instruction, et qu'ils auront besoin d'employer même dans leur conduite habituelle.

(C) J'ai eu soin de détailler d'abord toute la suite de l'opération; et je n'ai supprimé aucune idée intermédiaire, au moins de celles que l'entendement le plus borné ne suppléerait pas.

J'ai ensuite, en supprimant successivement quelques-unes de ces idées, réduit l'opération à ce qu'elle doit être dans l'usage ordinaire. Par ce moyen, les élèves, en prenant l'habitude de faire l'opération avec la promptitude nécessaire, ne la feront cependant jamais par routine, parce qu'ils auront commencé par la faire en raisonnant tous les détails qu'elle renferme.

L'instituteur pourra rendre cette marche plus lente qu'elle ne l'est ici, et suppléer aux suppressions trop rapides de quelques intermédiaires.

(b) On fera remarquer ici, que, si on a besoin, par exemple, d'ajouter les nombres 5, 7, 8, 6, 4, et trouver un nombre égal à 5 + 7 + 8 + 6 + 4, et qu'on dise :

$$5 + 7 = 12$$
$$12 + 8 = 20$$
$$20 + 6 = 26$$
$$26 + 4 = 30$$

Donc, 5 + 7 + 8 + 6 + 4 = 30; la conclusion résulte des quatre propositions qui la précèdent.

En suivant ces opérations, l'esprit s'aperçoit qu'il ajoute successivement tous les nombres qui doivent entrer dans la somme, et il aperçoit successivement l'identité de chaque proposition. Donc il aperçoit que cette identité ne peut avoir lieu dans toutes, sans qu'elle ait lieu aussi pour la conclusion.

On peut remarquer ici, comme dans l'observation précédente (a), que la proposition générale dans laquelle on n'énoncerait que la dernière de ces sommes de nombres, pris deux à deux, est égale à la somme des cinq nombres; or les propositions intermédiaires que l'on emploierait pour donner la forme syllogistique, opération par laquelle on parvient à la conclusion, ne doivent pas être regardées comme faisant partie essentielle de l'opération, et on en tirera la même conclusion.

Ce ne sera donc point cacher aux élèves la marche de la nature, que de ne pas leur montrer comment ces raisonnements peuvent se réduire à des syllogismes.

CINQUIÈME LEÇON

(A) On donnera quelques exemples de cette opération qui consiste à ôter un nombre d'un autre. On fera voir, par exemple, que 7 plus 3 égalant 10, 10 moins 3 doit égaler 7; et que 10 moins 1 égalant 6, 6 plus 4 doit égaler 10. On exercera tes élèves à ces opérations, comme aux additions de nombres simples.

(a) On fera observer aux élèves, qu'étant parvenus à se faciliter l'addition par cette décomposition, par cette analyse des nombres, ils sont fondés à croire que cette même marche réussira plus ou moins pour les autres opérations qui ont lieu sur les nombres, par exemple pour celle dont l'objet est de soustraire un nombre d'un autre.

Cette croyance est fondée d'abord sur l'analogie, sur ce que les deux opérations liront cela de semblable, qu'elles s'exécutent sur des nombres, et qu'on a également pour objet d'en simplifier, d'en abréger, d'en faciliter l'exécution, quoiqu'elles ne soient pas semblables, mais opposées dans leur but immédiat : ta première ayant celui d'ajouter un nombre à un autre; la seconde celui de retrancher un nombre d'un autre. Elles sont donc analogues, sans être absolument semblables; le mot semblable ; n'indique pas si la ressemblance est absolue ou presque absolue, ou si elle n'a lieu qu'à certains égards : le mot analogue exclut la ressemblance absolue ou presque absolue.

Cette confiance, fondée sur l'analogie, l'est encore sur l'expérience constante que des choses, semblables en quelques points, le sont très-souvent dans quelques autres; et qu'ainsi on réussira très-souvent en essayant d'appliquer à l'une ce qu'on éprouve avoir réussi pour l'autre.

On leur fera observer que plus l'analogie est grande, plus il y a de rapport entre la ressemblance qu'il faut vérifier et celles qui sont déjà connues, plus aussi l'expérience a prouvé que cette nouvelle analogie se trouvait vérifiée par l'examen.

On doit avoir une plus forte espérance qu'on réussira, si on agit comme si cette analogie existait, et, par conséquent, un motif d'agir plus puissant.

On distinguera ici ce motif d'agir du motif de croire, que l'analogie supposée vérifiera.

On leur montrera que, comme dans cet exemple ils désirent de trouver le moyen d'abréger une opération, et qu'il faut le chercher, une croyance même faible du succès d'un moyen qui se présente, doit suffire pour les déterminer à le tenter.

(b) Les élèves ont déjà reconnu que le raisonnement consiste à voir que l'identité qu'ils n'apercevaient pas immédiatement entre les deux idées qui forment une proposition, résulte de celle qu'ils ont aperçue dans plusieurs autres. On leur montrera, par cet exemple, qu'il consiste aussi à voir que la négation de celte identité qu'ils n'aperçoivent pas entre deux idées, résulte de la négation de cette identité, qu'ils aperçoivent entre d'autres idées, identiques elles-mêmes avec les premières.

On leur fera observer qu'une proposition négative consiste à exprimer qu'on aperçoit la non-identité entre deux idées. Tel nombre n'est pas égal à tel autre, signifie qu'on aperçoit que l'identité de nombre n'existe pas entre eux.

Soit un tel nombre, 12 par exemple, et l'identité de grandeur de ce nombre avec tel autre, 8 + 4 par exemple, voilà les deux termes de la proposition; j'y aperçois l'identité, je forme une proposition positive ; si je ne la vois pas, j'ai l'idée d'une proposition positive, et il me reste à chercher si j'apercevrai l'identité qu'elle énonce, ou si je ne l'apercevrai pas.

De même, soit un tel nombre, 12 par exemple, et l'identité de grandeur de ce nombre avec tel autre, 8 + 4 par exemple : voilà deux termes d'une proposition. Si j'aperçois quo cette identité n'existe pas, je forme une proposition négative ; mais si je ne le crois pas, alors j'ai seulement l'idée de celte proposition négative, et il me reste **à chercher** si **j'apercevrai** ou non que celte identité n'existe pas.

J'observe qu'on peut dire qu'une proposition négative devient positive, si, par exemple, on dit : tel nombre non égal à tel autre, au lieu de : tel nombre n'est pas égal à tel autre; et que même on aperçoit une véritable identité partielle entre l'idée du premier nombre et celle de la non-égalité avec le second.

Mais j'applique ici ce que j'ai dit ci-dessus sur la réduction ries raisonnements à la - informe syllogistique; il ne résulte pas de cette possibilité de rendre toutes les propositions positives, que la proposition trois n'est pas quatre, ne consiste pas à voir qu'il n'y a pas d'identité de grandeur entre 3 et 4.

Il sera donc inutile d'occuper les élèves de cette discussion.

De l'observation que l'on vient de faire sur un raisonnement dont la conclusion est négative, il résulte qu'indépendamment de cette conclusion, le raisonnement renferme au moins une proposition positive et une négative; car on ne peut apercevoir .cette non-identité entre les deux idées qui entrent dans la conclusion, que parce qu'on a aperçu la non-identité entre deux autres, et l'identité de celles-ci avec les premières.

On leur fera observer aussi cette forme de raisonnement : le nombre sera égal ou plus grand que tel autre ; car, s'il était plus petit, il en résulterait telle absurdité. Ici on n'aperçoit ni l'identité énoncée par la première proposition, ni que cette identité n'existe pas ; mais on voit qu'elle est nécessairement liée à d'autres identités; et alors ou conclut que celte première ne peut exister elle-même. Ce qui distingue ce raisonnement, est que l'on fait d'abord abstraction de la vérité des propositions, de l'identité entre les idées qui les forment, pour ne faire attention qu'à leur dépendance, jusqu'au moment où, apercevant l'identité, ou la non-identité d'une nouvelle proposition, cl se rappelant celle liaison déjà aperçue, on conclut l'identité ou la non-identité de la première proposition.

Nous avons ici un exemple de ce qui arrive dans les raisonnements de celte espèce, lorsqu'on aperçoit la non-identité.

On peut prendre, pour exemple du cas où l'on conclut l'identité, l'opération suivante : Je suppose que 12 moins 5 soit 7, alors 5 et 7 seront 12; mais 5 et 7 sont 12; donc je vois d'abord l'identité de 12 moins 5, et de 7, liée à celle de 5 plus 7 et de 12. J'aperçois ensuite cette dernière identité, et j'en conclus la première, que je considérais d'abord dans la seule vue de voir quelles autres identités en sondent la conséquence.

On fera remarquer aux élèves cette proposition ; tel nombre est plus grand ou égal à tel autre; ici l'identité partielle est entre tel nombre, et la qualité d'être plus petit ou égal à tel autre.

(B) On pourrait faire la soustraction ainsi

$$\begin{array}{r} 6223 \\ 4535 \\ \hline 1688 \end{array}$$

Oter 5 de 3 est impossible; j'emprunte une dizaine : 10 et 3 sont 13 ;

j'ôte 5 de 13, reste 8 ; 3 et 1 que j'ai déjà emprunté sont 4 : ôter 4 de 2 est impossible; j'emprunte une dizaine: 10 et 2 sont 12, j'ôte 4 de 12, reste 8 ; 5 et 1 que j'ai emprunté sont 6 ; ôter 6 de 2 est impossible; j'emprunte une dizaine, 10 et 2 sont 12 : j'ôte 6 de 12, reste 6; 4 et 1 que j'ai déjà emprunté sont 5 : j'ôte 5 de 6, reste 1.

Cette méthode est plus simple, dans le cas où le nombre dont on retranche contient un zéro, et qu'on est obligé d'emprunter une centaine, sur laquelle on prend une dizaine pour en réserver 9.

On peut prendre encore cette autre méthode : 6223 est la même chose que 6000 plus 223 : 6000 est la même chose que 5999 et 1 ; j'ôte 4535 de 5999; j'ai pour reste 1464; j'ajoute 1 et 223 ou 224 que le premier nombre contenait de plus, et j'ai la différence égale à 1688.

Si j'avais à retrancher 6534 de 7612, le chiffre 1 étant le premier dans le nombre plus grand qui se trouve au-dessous de celui qui y correspond dans le plus petit, je dirais : 7612 sont la même chose que 7600 plus 12; 7600 sont la même chose que 7599 et 1 ; je prends la différence outre 7599 et 6534, elle est 1065; j'y ajoute 13, et j'ai 1078, qui est la différence cherchée.

Cette dernière méthode est plus simple encore; c'est à l'instituteur à voir s'il doit enseigner ces dernières, conjointement avec la méthode ordinaire, exposée dans le texte (4).

(c) On expliquera ce mot, nécessairement, en disant qu'une chose est nécessairement telle, quand l'on conçoit qu'elle ne peut être autrement; quand un conçoit que si elle était autrement, il en résulterait une absurdité, une identité entre deux idées qu'on aperçoit ne pas exister.

SIXIÈME LEÇON

(a) Il est impossible qu'aucun élève ne se soit trompé dans les règles qu'on lui a données pour exemples. L'instituteur a dû le remarquer, et montrer en quoi consistait l'erreur, et qu'elle en était la cause.

Il doit ici rappeler ce fait pour faire sentir aux élèves l'utilité dont il est pour eux de savoir reconnaître eux-mêmes leurs erreurs.

Mais on peut tirer de ces erreurs où tombent les commençants des leçons très-importantes, en leur faisant analyser les procédés qui les y conduisent.

1°. II arrive de dire, par exemple, dans une opération, 6 et 8 sont 16, ou bien, j'ôte 7 de 16, reste 8.

Il faut montrer aux élèves que, lorsqu'ils énoncent ainsi des sommes ou des différences, ils n'ont pas la conscience des opérations par les quelles, ajoutant 6 unités à 8 unités, on a trouvé la somme; ou bien de celles par lesquelles, retranchant 7 unités de 16, on en a trouvé la différence. Mais, sachant par expérience que, quand ayant fait ces opérations et trouvé le résultat, ils se sont rappelé et les avoir faites et en avoir eu ce même résultat, ils y sont parvenus de nouveau toutes les fois qu'ils ont cherché le former, en répétant les mêmes opérations; et ils ont jugé que la mémoire leur présentait constamment alors un vrai résultat.

Ensuite ils ont observé que, sans même avoir la conscience distincte d'avoir fait cette opération et trouvé ce résultat, leur mémoire leur présentait, immédiatement après deux nombres, celui qui en était véritablement la somme ou la différence; et, d'après cette expérience, on se tient, sans autre examen, à ce qu'elle présente.

Leur erreur vient donc de ce que cette mémoire d'habitude les a trompés, parce qu'ils s'y sont confiés avant d'avoir assez éprouvé qu'elle leur faisait nommer les véritables sommes ou tes véritables différences.

Cette mémoire, d'ailleurs, trompe encore, lorsqu'on se rappelle, avec une sorte de doute, que tel était le résultat qu'on a trouvé.

Il faut donc ne se fier à cette mémoire d'habitude, qu'après on avoir souvent vérifié les résultats : et il ne faut jamais s'y fier, lorsqu'elle est accompagnée d'un sentiment d'incertitude.

2°. Ils se trompent encore en oubliant d'avoir égard aux nombres retenus dans l'addition, aux dizaines empruntées dans la soustraction.

Mais alors leur confiance dans le résultat est fondée sur ce qu'ils croient avoir suivi certaines opérations et qu'ils ont la mémoire d'avoir eu la conviction que ces opérations conduisaient à un résultat juste.

Leur erreur vient alors de coque leur mémoire leur représente mal cette suite d'opérations, ou île ce qu'ils croient à l'identité de celles qu'ils exécutent avec celles dont ils se souviennent, sans avoir un sentiment distinct de cette identité : ici une attention plus forte et moins de précipitation les empêchera de former un résultat, avant de savoir s'ils ont distinctement lu mémoire de cette suite d'opérations qu'il faut exécuter, et celles de les avoir exécutées.

(b) On fera observer ici aux élèves la proposition conditionnelle, si 37 et 17 sont 54, 54 moins 17 est 37. On leur fera voir que cette proposition est égale à celle-ci : l'identité exprimée par la seconde proposition résulte de l'identité exprimée par-là première ; mais que cette même proposition n'énonce rien sur l'identité exprimée par l'une ou par l'autre.

Il serait bon que l'instituteur choisit de temps en temps quelques exemples de propositions composées, pour les rappeler à des propositions simples, et exercer les élèves à reconnaître les identités qu'elles expriment. Les exemples doivent être choisis dans la partie purement arithmétique du texte.

(A) L'instituteur tâchera de donner pour exemple du cas où la prouva fait découvrir une erreur, quelques-unes des erreurs réelles où les élèves sont tombés. II faut en général, autant qu'il est possible, éviter que l'utilité de ce qu'on enseigne se présente d'abord comme purement hypothétique.

(c) Le premier exemple d'une croyance fondée sur la probabilité et en mémo temps d'une conduite dirigée par cette probabilité se trouve être trop compliqué, pour qu'il soit possible de l'employer ici pour développer la nature de cette espèce de croyance et des motifs qui peuvent déterminer à la prendre pour base de nos actions.

On se bornera donc à observer que, si dans des choses ou des événements qui paraissent également possibles, il en est un grand nombre qui donne un certain résultat, et un très-petit nombre qui donne un résultat contraire, on dit qu'il est plus probable que l'un des événements de la première espèce arrivera, parce que l'on a observé qu'il en était ainsi en général. On est donc porté à croire que cet événement plus probable aura lieu : et on se conduit comme s'il devait avoir lieu, parce qu'il est aussi plus probable quo cette conduite produira l'avantage que l'on en attend.

On fera observer ensuite aux élèves qu'on se trompe rarement quand on fait les opérations avec attention : qu'il arrivera donc bien plus rarement encore de se tromper dans deux opérations de suite, et encore plus rarement de se tromper de manière qu'une erreur compense l'autre.

On rendra plus sensibles, par des exemples, et ces premières idées sur la probabilité, et leur application au cas actuel.

On prendra, pour exemples, des événements physiques qui sont constants, quoique sujets à des exceptions, et dans lesquels on se conduit comme si ces exceptions ne devaient pas avoir lieu. On aura soin de les choisir tels, que ce défaut de prévoyance soit clairement raisonnable.

Il y a tout lieu de croire que ce qui reste ici de trop peu approfondi, de trop peu rigoureux, ne frappera pas les élèves; qu'ils ne chercheront pas à creuser au delà de ce qu'on leur présente; mais, s'ils le faisaient, on leur dirait que ces obscurités seront dissipées par la suite : on leur ferait sentir, par l'exemple même des leçons déjà reçues, que l'on ne peut rien apprendra, sinon successivement et suivant un certain ordre; et ce serait alors une leçon de plus.

(B) L'instituteur aura soin de donner plusieurs exemples de cette proposition générale, afin de la faire comprendre; et, dans ces exemples, il insistera sur l'identité de l'opération, qui consiste à ajouter la somme déjà formée à la différence déjà formée, ou aies retranché l'un de l'autre, et de celle qui consiste à faire cette addition et cette soustraction, en conservant les éléments qui ont servi à former la somme et la différence.

Il observera soigneusement ceux des élèves qui auront de la facilité à saisir cette proposition générale, à comprendre qu'ajouter un nombre moins tin autre, c'est ajouter le premier et retrancher le second, que retrancher un nombre moins un autre, c'est retrancher le premier et ajouter le second ; ceux qui éprouveront du plaisir, une sorte de satisfaction à connaître cette proposition générale, donneront un signe de leur capacité naturelle pour les conceptions et les vérités abstraites.

SEPTIÈME ET HUITIÈME LEÇONS

(a) Ces deux leçons n'offrent aucune remarque particulière.

Mais il faut que l'instituteur continue à y faire observer par les élèves les diverses sortes de raisonnements qu'elles présentent, les formes qui servent à reconnaître chaque démonstration, à en suivre le fil, et à eu saisir l'ensemble.

Il leur fera voir comment la décomposition du multiplicande dans la septième leçon, et la double décomposition du multiplicande et du multiplicateur dans la seconde, conduisent à trouver la méthode d'exécuter l'opération proposée. Il insistera sur ce qui a été dit à cet égard dans les observations précédentes.

Il aura soin aussi de leur faire observer comment ils se servent ici de l'addition qu'ils savent déjà faire, et des principes sur lesquels le système de la numération écrite est fondé, pour trouver facilement les produits d'un nombre par un nombre donné, de dizaines, de centaines, de mille, etc., ou pour déduire le produit total de ces produits partiels trouvés séparément.

Il leur fera observer qu'ayant un souvenir bien distinct d'avoir reconnu la vérité de ces principes et la certitude de ces opérations, ils peuvent exécuter ces opérations sans avoir la crainte de se tromper, et adhérer aux conclusions qu'ils voient clairement résulter de ces principes, quand même ils n'auraient pas la conscience immédiate de la vérité de ces principes, de l'identité des idées que forme la proposition par laquelle ces principes sont exprimés.

II leur fera sentir de nouveau comment une expérience constate leur ayant prouvé qu'ils retrouveront toujours cette identité, s'ils l'ont une fois trouvée, ils sont portés involontairement à croire qu'elle existe, lors même qu'ils ne l'perçoivent pas, pourvu qu'ils se souviennent bien de l'avoir aperçue.

1°. D'abord celle qui nait de la perception de l'identité, ou de la négation de l'identité entre les deux termes; soit qu'elle soit immédiate, soit qu'elle résulte d'un raisonnement dont on saisisse à la fois l'ensemble.

On dit alors que ces propositions sont évidentes.

2°. Ensuite l'adhésion que l'on donne à une proposition qui résulte de plusieurs autres, parce que l'on se souvient distinctement d'avoir reconnu que l'identité qu'elle exprime résulte de celle qu'on a immédiatement aperçue dans d'autres propositions.

3°. Enfin, il leur fera remarquer les propositions auxquelles on adhère, seulement parce que l'expérience a prouvé que l'on est le plus souvent parvenu à un résultat vrai en suivant la même marche; comme lors, qu'on croit juste une opération dont on vérifie le résultat. (Voyez la dernière Observation sur la sixième leçon).

(A) On exercera les élèves sur la multiplication aussi longtemps qu'il sera nécessaire, pour les familiariser avec les trente-six produits de nombres simples, dont ils doivent se souvenir, pour exécuter promptement cette opération.

On ne leur fera point apprendre par cœur la table de ces produits; on ne leur donnera point cette table toute formée, parce qu'il est beaucoup plus important de fortifier par l'exercice leur intelligence et leur mémoire, que de leur indiquer les moyens de s'épargner la peine de s'en servir.

Ainsi on leur fera former eux-mêmes ces produits, quand ils ne les connaîtront pas, ou qu'ils les auront oubliés. Si le nombre des élèves est un peu grand, il arrivera que chacun d'eux n'aura pas occasion de former lui-même quelques-uns de ces produits, mais, comme il sera obligé de les retenir en les entendant énoncer par un autre, il sera porté naturellement à examiner en lui-même s'ils sont justes : ce qui ne lui arriverait pas, s'il les trouvait exprimés dans un livre, ou si l'instituteur les lui apprenait.

Au reste, c'est à l'instituteur à trouver des moyens d'exercer les élèves avec égalité : mais cette égalité ne doit pas être absolue : il faut la proportionner aux dispositions naturelles des élèves, exercer de préférence sur les choses faciles ceux qui ont le moins dé dispositions, et sur les choses plus difficiles, ceux qui en montrent davantage: sur celles-ci, ou ne doit commencer à exercer les plus faibles que lorsqu'ils ont été déjà instruits par l'exemple des autres.

NEUVIÈME LEÇON

(A) On peut se proposer, deux objets différents dans une division, quoiqu'on y ait pour but général de diviser un certain nombre de choses en parts égales. Car on peut supposer connu le nombre de ces parts, et alors on a pour but de connaître ce qu'est chacune d'elles; ou bien l'on peut supposer connu ce qu'est chaque part, et l'on a pour but de connaître combien on peut en former.

On a vu dans le texte pourquoi l'opération sur les nombres était la même chose dans les deux cas.

L'instituteur doit avoir soin de choisir des exemples où l'on se propose tantôt te premier but, tantôt le second, et démontrer comment, en prenant l'inverse du même exemple, on aurait encore atteint l'autre but par la même opération.

(B) Il serait bon de rendre cette difficulté sensible par quelques essais.

(C) Il faut que l'instituteur fasse exécuter numériquement ces opérations sur quelques nombres, et qu'il les fasse exécuter aussi de même pour la division composée; d'abord, afin que les élèves, ayant suivi dans tous ses détails la marche de l'opération, l'entendent plus facilement, en aient une idée plus distincte, quand ils l'exécuteront sous une forme abrégée. On s'en servira même pour leur faire entendre cette dernière, si l'on y éprouve de la difficulté.

D'ailleurs, celte méthode est très-simple et assez commode, quoique longue; et il y aura des élèves qui, soit inapplication, soit faiblesse ou lourdeur naturelle, ne pourront, dans l'espace de temps et avec les soins qu'il est possible d'y consacrer, bien entendre la règle ordinaire, et en conserver assez la mémoire pour l'employer.

Cette règle, assez compliquée, est un des premiers points où l'expérience ait prouvé qu'il se faisait une sorte de séparation des esprits.

Beaucoup d'hommes, même dans les professions où le calcul est nécessaire, se trouvent arrêtés à ce terme.

Ils n'ont pas mis le temps, l'application qui leur auraient été nécessaires pour le passer; alors cette méthode, par la soustraction immédiate, sera pour eux un supplément utile.

(D) L'instituteur, en enseignant à disposer la formule, expliquera en quoi elle est commode, comment elle occupe moins de place, et présente les opérations partielles d'une manière plus claire qu'une autre disposition.

En général, il ne faut faire lire de description écrite d'une opération sensible, que dans le cas où l'on n'a aucun moyen d'y suppléer; et l'on doit auparavant avoir accoutumé les enfants à entendre la description verbale des objets eux-mêmes, ou d'une opération qu'on exécute, d'une figure qu'on trace, avant de leur faire lire la description écrite d'un objet dont on leur montre l'image, ou de l'opération qu'on leur représente tout exécutée.

Je reviendrai sur cet objet, dans les observations sur les éléments de Géométrie.

DIXIÈME LEÇON

(A) Quoique l'on ne trouve ici qu'un seul exemple, on sent qu'il sera nécessaire d'exercer beaucoup les élèves sur celte opération.

(a) Dans l'exposition de ce moyen très simple d'abréger les essais pour les calculs un peu compliqués, et dans plusieurs autres opérations, je me suis contenté d'appliquer le principe général à un ou plusieurs exemples, sans développer le principe.

Il faudra exercer les élèves sur un certain nombre d'exemples, et leur faire ensuite observer eux-mêmes ce principe général qui est commun à chaque exemple particulier, afin qu'ils le découvrent, en quelque sorte, par leur propre réflexion; puis on les conduira à l'énoncer eux-mêmes.

On leur fera observer ensuite la marche qu'ils suivent dans cette généralisation, et comment, à mesure qu'ils appliquent un raisonnement à un nombre, ou qu'ils exécutent une opération sur ce nombre, ils ont un sentiment distinct de la possibilité d'appliquer ce raisonnement à un autre nombre, de faire une opération semblable.

On leur exposera que, comme ils se sont formé des idées générales en fixant leur attention sur les portions communes à plusieurs idées particulières, de même ils se feront une idée d'une opération générale, en fixant leur attention sur ce qu'il y a de commun à plusieurs opérations; et comment, en exécutant une opération particulière, ils ont ensuite le sentiment distinct, qu'ils suivent l'opération générale.

Sachant donc qu'en le suivant ils doivent avoir un résultat juste, ils suivent l'opération particulière avec confiance, sans avoir besoin du sentiment de la justesse de l'opération particulière qu'ils exécutent.

Ainsi, après avoir déduit la justesse de la méthode générale de celle des opérations particulières, ils finissent par appuyer leur confiance dans la justesse des opérations qu'ils exécutent sur celle de la méthode générale.

On fera aussi des observations, 1° sur la nature de ces propositions : tel quotient est plus petit que 10, est plus grand que 3, est plus petit que 8, est 4, 5, 6 ou 7; ou l'identité partielle est entre la qualité d'être quotient dans telle hypothèse, et celle d'être au-dessous de dix, d'être plus grand que 3, et plus petit que 8; d'être un des quatre nombres, 3, 4, 8, 6.

L'identité est donc entre la qualité absolue et déterminée d'être un tel quotient, et la qualité déterminée d'être assujetti à une telle condition ; mais cette qualité est indéterminée, quant à la grandeur du quotient.

On remarquera donc que toute proposition est déterminée en elle-même; mais qu'elle peut être indéterminée sous un point de vue particulier.

On remarquera de plus que la proposition n'est susceptible d'être vraie que dans le sens où elle est déterminée : que c'est le seul sens où l'on puisse apercevoir ou conclure une identité partielle.

Les propositions précédentes n'expriment rien, quant à la quantité absolue de ce quotient, mais seulement quant aux limites de celte quantité.

2°. Sur ce raisonnement, par lequel on prouve que 122 est contenu au moins trois fois dans 727, parce que 200 > 122 est trois fois dans 700 < 727.

Les dizaines et les unités rendent ici les nombres plus compliqués, et par conséquent, on a plus de peine à voir combien de fois l'un peut contenir l'autre ; on les réduit donc en nombres plus simples, mais tels, que le nombre de fois que l'un sera contenu dans l'autre, soit égal ou plus grand qu'il ne le serait pour les nombres donnés.

Ne connaissant pas la limite au-dessous de laquelle ce quotient ne peut être, on cherche deux nombres plus simples, dont le quotient ait une limite inférieure, égale ou plus petite.

La même chose a lieu pour l'autre limite : ce n'est donc point par hasard qu'on est conduit à cette méthode ; mais elle naît de cette réflexion, qu'on ne voit pas aisément une limite prochaine pour le quotient quand les nombres sont grands, qu'on le voit très-aisément quand ils sont beaucoup plus petits.

ONZIÈME LEÇON

(A) On aura soin d'exercer les élèves de manière à leur rendre familières les premières idées sur les nombres fractionnaires, parce qu'elles leur seront utiles dans la suite pour acquérir celle d'un rapport en général. Il faut aussi leur rendre très familier le petit nombre de signes que j'ai introduits dans ces leçons.

(a) On avertira les élèves que le mot fraction tire son origine d'un mot latin qui signifie une portion détachée d'une chose en la brisant ; que le dénominateur de la fraction porte ce nom, tire sa dénomination de ce nombre; les fractions 1/8, 2/8, 3/8 se nomment un huitième, deux, trois huitièmes; ces diverses fractions sont des huitièmes : le dénominateur porte ce nom, parce qu'il indique le nombre des parties de la chose qu'on suppose divisée en autant de portions que le dénominateur contient d'unités.

On leur fera voir comment ces dénominations se sont introduites dans la langue des sciences, non d'une manière arbitraire, mais par analogie.

On leur expliquera qu'alors te mot qui aurait eu en lui-même un sens général et vague, en acquiert un déterminé et précis, lorsqu'on est convenu de l'employer dans une science ou dans un art.

Les mots division, multiplication, etc., qui restent encore dans la langue sous diverses acceptions relatives à leur sens général et primitif, et qui en prennent un propre à désigner une opération arithmétique, en donneront des exemples.

DOUZIÈME LEÇON

(A) On a pu observer que, dans les trois dernières leçons, les développements écrits sont beaucoup moins étendus. C'est à l'instituteur à y suppléer.

Il y aurait de l'inconvénient à suivre longtemps la même marche que dans les premières leçons; elle deviendrait fastidieuse à force d'être facile, et favoriserait la paresse d'esprit. Mais le passage de cette première marche à une marche plus serrée doit être facilité par des explications verbales: l'intelligence du texte, lorsqu'on le relit, est alors aidée par la mémoire de ces explications. On ne la doit pas encore à la seule attention.

FIN.

ISBN : 978-1512268140

Nicolas de Condorcet

www.ingramcontent.com/pod-product-compliance
Lightning Source LLC
Chambersburg PA
CBHW070916180526
45168CB00005B/2032

9781512268140